기적의 계산법

예비초등 5권

예비초등생을 위한 연산 공부법

1 생활 속 계산으로 수, 연산과 친해지기

아이들은 아직 논리적, 추상적 사고가 발달하지 않았기 때문에 직관적인 범위를 벗어나는 수에 관한 문제나 추상적인 기호로 표현된 수식은 이해하기 힘듭니다. 아이들에게 수식은 하나하나 해석이 필요한 외계어일뿐입니다. 일상생활에서 쉽게 접할 수 있는 과자나 장난감 등을 이용해 보세요. 이때 늘어나고 줄어드는 수량의 변화를 덧셈, 뺄셈으로 나타낸다는 것을 함께 알려 주세요. 구체적인 상황을 수식으로 연결짓는 훈련을 하면 아이들이 쉽게 수식을 이해할 수 있습니다.

▷ 생활 속 수학 경험

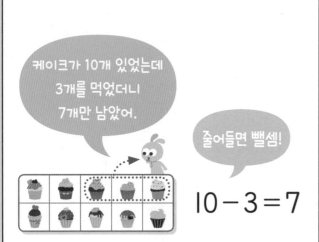

케이크가 10개 있었는데 3개를 먹었더니 7개만 남았어.

줄어들면 뺄셈!

$10 - 3 = 7$

수학자신감

2 스스로 조작하며 연산 원리 이해하기

말로 연산 원리를 설명하지 마세요. 아이들은 장황한 설명보다 직접 눈으로 보고, 손으로 만지는 경험을 통해 원리를 더 쉽게 깨닫습니다.
덧셈과 뺄셈의 원리를 아이들이 이해하기 쉽게 시각화한 수식 모델로 보여 주면 엄마가 말로 설명하지 않아도 스스로 연산 원리를 깨칠 수 있습니다.
수식을 보고 직접 손가락을 꼽으면서 세어 보거나 스티커나 과자 등의 구체물을 모으고 가르는 조작 활동은 연산 원리를 익히는 과정이므로 충분히 연습하는 것이 좋습니다.

▷ 연산 시각화 학습법

| 1단계 손가락 모델 | ➡ | 2단계 기호가 있는 수식 |

➡ $4 + 2 = 6$

손가락 인형 4개와 2개는 모두 6개!

4 더하기 2는 6!

수학자신감

초등학교 1학년 수학 내용의 80%는 수와 연산입니다.
연산 준비가 예비초등 수학의 핵심이죠.
입학 준비를 위한 효과적인 연산 공부 방법을 알려 드릴게요.

3 반복연습으로 수식 계산에 익숙해지기

아이가 한 번에 완벽히 이해했을 것이라고 생각하면 안 됩니다. 당장은 이해한 것 같겠지만 돌아서면 잊어버리고, 또 다른 상황을 만나면 전혀 모를 수 있습니다. 원리를 깨쳤더라도 수식 계산에 익숙해지기까지는 꾸준한 연습이 필요합니다.

느리더라도 자신의 속도대로, 자신만의 방법으로 정확하게 풀 수 있도록 지도해 주세요. 이때 매일 같은 시간에, 같은 양을 학습하면서 공부 습관도 잡아주세요. 한 번에 많이 하는 것보다 조금씩이라도 매일 꾸준히 반복적으로 학습하는 것이 더 좋습니다.

▶ **4day 반복 학습설계**

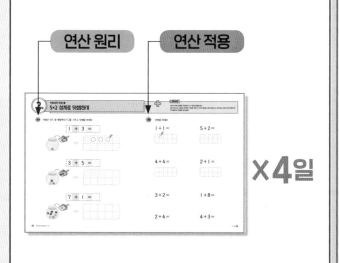

수학자신감

4 수학 교과서 속 연산 활용까지 알아보기

1학년 수학 교과서를 보면 기초 계산 문제 외에 응용 문제나 문장제 같은 다양한 유형들이 있습니다. 이와 같은 문제는 낯선 수학 용어의 의미를 모르거나 무엇을 묻는 것인지 문제 자체를 이해하지 못해 틀리는 경우가 많습니다.

기초 계산 문제를 넘어 연산과 관련된 수학 용어의 의미, 수학 용어를 사용하여 표현하는 방법, 기호로 표시된 수식을 해석하는 방법, 문장을 식으로 나타내는 방법 등 연산을 활용하는 방법까지 알려 주는 것이 좋습니다. 다양한 활용 문제를 익히면 어려운 수학 문제가 만만해지고 수학자신감이 올라갑니다.

▶ **미리 보는 1학년 연산 활용**

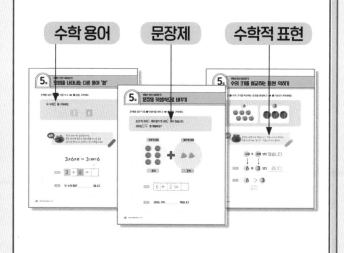

수학자신감

권별 학습 구성

<기적의 계산법 예비초등>은 초등 1학년 연산 전 과정을 미리 학습할 수 있도록 구성된 연산 프로그램 교재입니다. 권별, 단계별 내용을 한눈에 확인하고 차근차근 공부하세요.

권	학습단계	학습주제	1학년 연산 미리보기	초등 연계 단원
1권	1단계	10까지의 수	수의 크기를 비교하는 표현 익히기	[1-1] 1. 9까지의 수 3. 덧셈과 뺄셈
	2단계	수의 순서	순서를 나타내는 표현 익히기	
	3단계	수직선	세 수의 크기 비교하기	
	4단계	연산 기호가 없는 덧셈	문장을 그림으로 표현하기	
	5단계	연산 기호가 없는 뺄셈	비교하는 수 문장제	
	6단계	+, −, = 기호	문장을 식으로 표현하기	
	7단계	구조적 연산 훈련 ①	1 큰 수 문장제	
	8단계	구조적 연산 훈련 ②	1 작은 수 문장제	
2권	9단계	2~9 모으기 가르기 ①	수를 가르는 표현 익히기	[1-1] 3. 덧셈과 뺄셈
	10단계	2~9 모으기 가르기 ②	번호를 쓰는 문제 '객관식'	
	11단계	9까지의 덧셈 ①	덧셈을 나타내는 다른 용어 '합'	
	12단계	9까지의 덧셈 ②	문장을 덧셈식으로 바꾸기	
	13단계	9까지의 뺄셈 ①	뺄셈을 나타내는 다른 용어 '차'	
	14단계	9까지의 뺄셈 ②	문장을 뺄셈식으로 바꾸기	
	15단계	덧셈식과 뺄셈식	수 카드로 식 만들기	
	16단계	덧셈과 뺄셈 종합	계산 결과 비교하기	
3권	17단계	10 모으기와 가르기	짝꿍끼리 선으로 잇기	[1-1] 5. 50까지의 수
	18단계	10이 되는 덧셈	수 카드로 덧셈식 만들기	
	19단계	10에서 빼는 뺄셈	어떤 수 구하기	
	20단계	19까지의 수	묶음과 낱개 표현 익히기	[1-2] 2. 덧셈과 뺄셈(1) 6. 덧셈과 뺄셈(3)
	21단계	십몇의 순서	사이의 수	
	22단계	(십몇)+(몇), (십몇)−(몇)	문장에서 덧셈, 뺄셈 찾기	
	23단계	10을 이용한 덧셈	연이은 덧셈 문장제	
	24단계	10을 이용한 뺄셈	동그라미 기호 익히기	
4권	25단계	10보다 큰 덧셈 ①	더 큰 수 구하기	[1-2] 2. 덧셈과 뺄셈(1) 4. 덧셈과 뺄셈(2)
	26단계	10보다 큰 덧셈 ②	덧셈식 만들기	
	27단계	10보다 큰 덧셈 ③	덧셈 문장제	
	28단계	10보다 큰 뺄셈 ①	더 작은 수 구하기	
	29단계	10보다 큰 뺄셈 ②	뺄셈식 만들기	
	30단계	10보다 큰 뺄셈 ③	뺄셈 문장제	
	31단계	덧셈과 뺄셈의 성질	수 카드로 뺄셈식 만들기	
	32단계	덧셈과 뺄셈 종합	모양 수 구하기	
5권	33단계	몇십의 구조	10개씩 묶음의 수 = 몇십	[1-1] 5. 50까지의 수
	34단계	몇십몇의 구조	묶음과 낱개로 나타내는 문장제	
	35단계	두 자리 수의 순서	두 자리 수의 크기 비교	
	36단계	몇십의 덧셈과 뺄셈	더 큰 수, 더 작은 수 구하기	[1-2] 1. 100까지의 수 6. 덧셈과 뺄셈(3)
	37단계	몇십몇의 덧셈 ①	더 많은 것을 구하는 덧셈 문장제	
	38단계	몇십몇의 덧셈 ②	모두 구하는 덧셈 문장제	
	39단계	몇십몇의 뺄셈 ①	남은 것을 구하는 뺄셈 문장제	
	40단계	몇십몇의 뺄셈 ②	비교하는 뺄셈 문장제	

차례

33단계	몇십의 구조	6
34단계	몇십몇의 구조	18
35단계	두 자리 수의 순서	30
36단계	몇십의 덧셈과 뺄셈	42
37단계	몇십몇의 덧셈 ①	54
38단계	몇십몇의 덧셈 ②	66
39단계	몇십몇의 뺄셈 ①	78
40단계	몇십몇의 뺄셈 ②	90
정답		103

33 단계

몇십의 구조

어떻게 공부할까요?

공부할 내용	공부한 날짜	확인
1일 연결 모형으로 몇십 이해하기	월　일	
2일 동전으로 몇십 나타내기	월　일	
3일 10개씩 묶음으로 몇십 익히기	월　일	
4일 10씩 뛰어 세기	월　일	
5일 1학년 연산 미리보기 10개씩 묶음의 수 = 몇십	월　일	

33단계부터 35단계까지는 두 자리 수의 구조를 살펴보면서 연산 감각을 기르는 연습을 합니다. 먼저 33단계에서는 10개씩 묶어 세기를 통해 몇십을 배웁니다. 수를 10개씩 묶음의 단위로 이해하는 과정은 이 단계뿐만 아니라 앞으로 배울 두 자리 수의 덧셈과 뺄셈에서도 꼭 필요한 내용입니다. 다양한 수식 모델을 이용하여 연산의 기초 개념을 다지세요.

연산 시각화 모델

연결 모형 모델

10개씩 묶음으로 된 연결 모형으로 몇십을 이해합니다. 10짜리 연결 모형이 1개이면 10, 10짜리 연결 모형이 2개이면 20으로 10짜리 연결 모형의 수와 몇십을 연결지으면서 수를 세어 봅니다. 10부터 100까지 수를 10씩 뛰어 세면서 몇십에 익숙해질 수 있습니다.

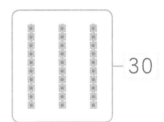

동전 모델

10원짜리 동전을 이용해서 몇십을 나타내는 모델입니다. 주변에서 찾을 수 있는 물건을 활용하여 연습하면 아이들의 이해가 빠르고, 쉽게 기억할 수 있습니다. 몇십을 동전으로 나타내면서 두 자리 수에 대한 수량 감각을 길러 보세요.

몇십의 구조

연결 모형으로 몇십 이해하기

원리 10부터 100까지 연결 모형으로 몇십을 알아볼까요?

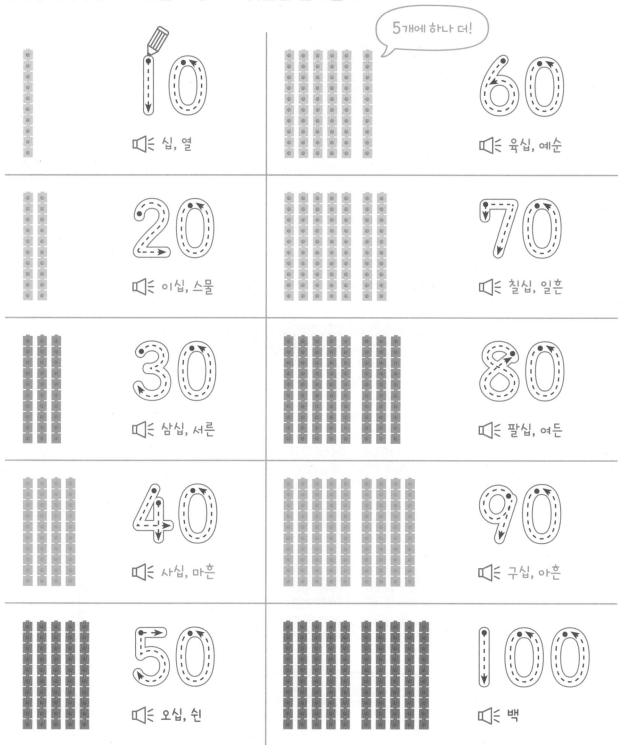

십, 열

이십, 스물

삼십, 서른

사십, 마흔

오십, 쉰

5개에 하나 더!

육십, 예순

칠십, 일흔

팔십, 여든

구십, 아흔

백

10개씩 묶음으로 된 연결 모형을 보고 몇십을 알아보는 문제입니다. 수를 셀 때는 10, 20, 30, 40, 50, 60, 70, 80, 90으로 10씩 뛰면서 세어도 되고, 10개씩 묶음의 연결 모형이 몇 묶음인지 센 후 몇십으로 나타낼 수도 있습니다.

적용 연결 모형이 나타내는 수를 ☐ 안에 쓰세요.

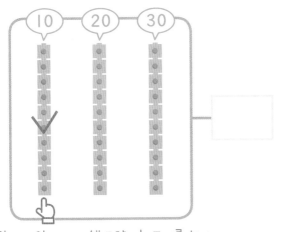

헷갈리지 않게 이미 센 모양에는 표시를 하자.

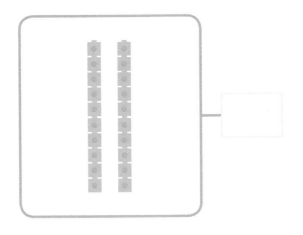

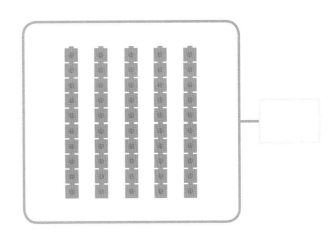

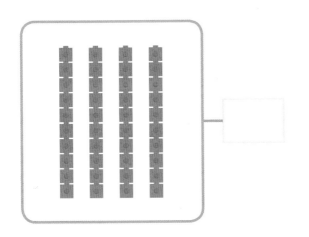

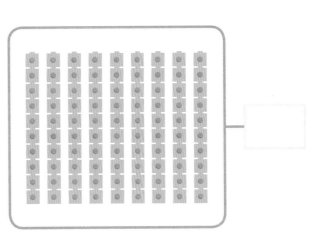

몇십의 구조
동전으로 몇십 나타내기

 주어진 금액만큼 지갑 안에 동전 스티커를 붙이세요.

50원

80원

60원

30원

지도가이드

몇십을 10원짜리 동전으로 나타내면서 수를 익힙니다. 50을 나타낼 때 동전 스티커를 하나 붙이면서 "10", 또 하나를 붙이면서 "20"이라고 소리내어 말하고 50이 되면 멈추면서 수를 알아보세요. 또는 50에서 0을 손으로 가리고 "50에서 0을 손으로 가리면 5지? 10이 5개 있다는 뜻이야."라고 설명해 주세요.

적용 주어진 금액만큼 ⑩을 그리세요.

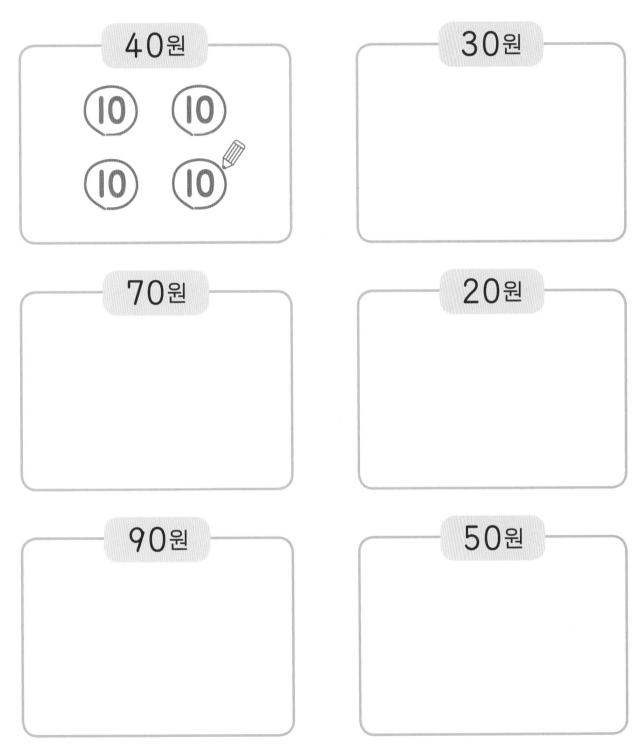

원리 과자를 한 봉지에 10개씩 담았습니다. 같은 수를 나타내는 것끼리 선으로 연결하세요.

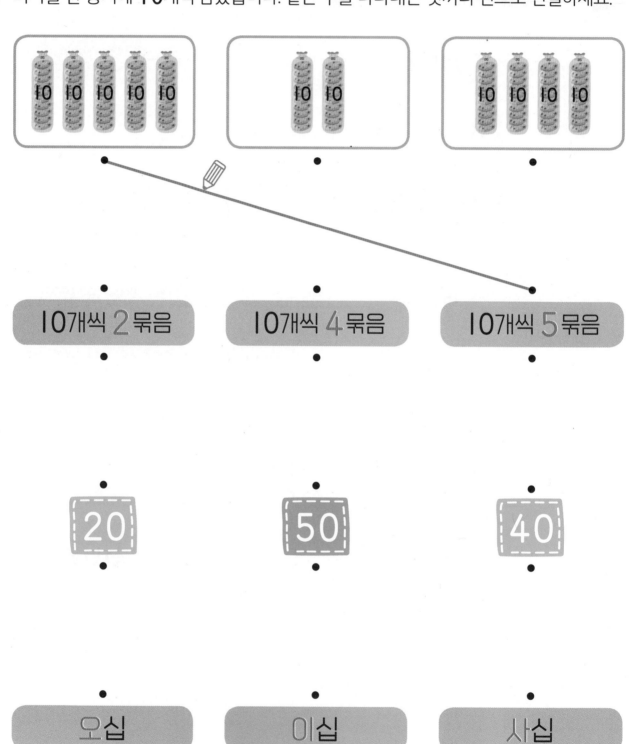

10개씩 2묶음 · · · 10개씩 4묶음 · · · 10개씩 5묶음

20 · 50 · 40

오십 · 이십 · 사십

지도가이드

10개씩 묶음이 몇 개인지 세고, 그 뒤에 '십'을 붙여서 몇십으로 읽는다는 것을 알려 주세요. "동글동글 구슬이 10개씩 일, 이, 삼이니까 삼십"으로 말하면서 연습하는 것도 좋습니다. 10개씩 묶음의 수가 몇인지 한눈에 세기 어려울 수 있으므로 이미 센 묶음에는 표시를 하면서 세도록 하세요.

적용 구슬 10개로 팔찌 하나를 만들 수 있습니다. 구슬은 모두 몇 개일까요?

√로 표시하면서 세자.

10개씩 **3** 묶음

→ **30** 개

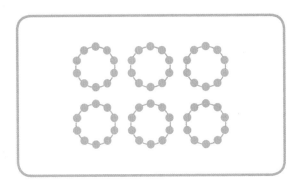

10개씩 ☐ 묶음

→ ☐ 개

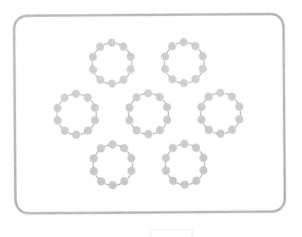

10개씩 ☐ 묶음

→ ☐ 개

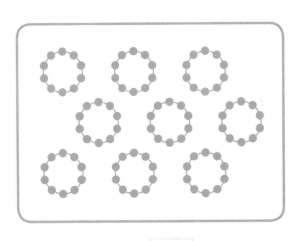

10개씩 ☐ 묶음

→ ☐ 개

몇십의 구조
10씩 뛰어 세기

원리 공룡 발자국이 있어요. 빈 곳에 알맞은 수를 쓰세요.

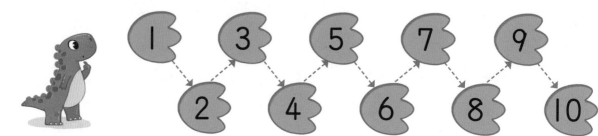

1부터 10까지 1씩 뛰어 세기!

나는 다리가 길어서
한 번에 10씩
갈 수 있지~.

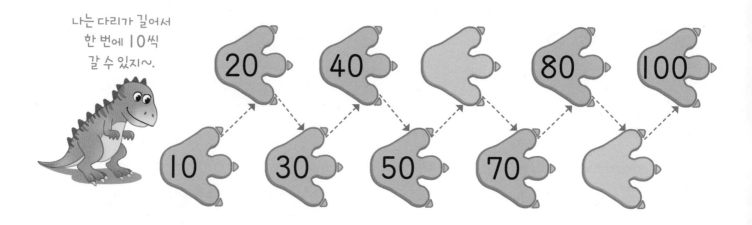

성큼성큼 가자!

1부터 10까지의 수를 순서대로 세었던 것처럼 10부터 100까지의 수를 10씩 뛰어서 순서대로 세는 연습을 합니다. "십-이십-삼십-사십-오십-육십-칠십-팔십-구십-백"으로 수를 소리내어 읽으면서 문제를 풀어 보세요.

적용 10부터 10씩 뛰어서 차례대로 선을 이으세요.

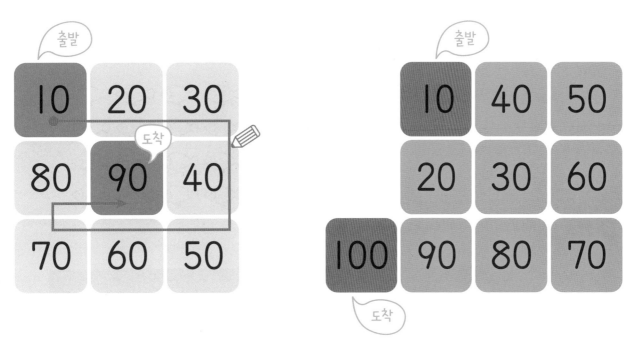

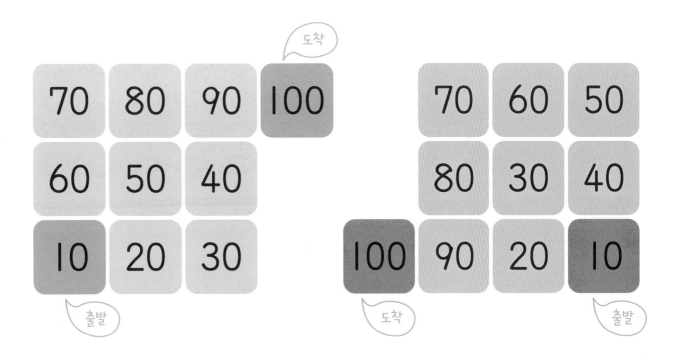

10개씩 묶음의 수 = 몇십

그림을 ❶ 10개씩 묶고 ➡ ❷ 수로 나타내세요.

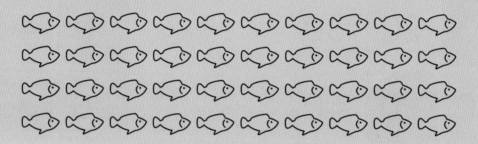

물고기는 모두 **몇 마리**일까요?

잠깐! 물건의 수가 많을 때 10개씩 묶어 세면 헷갈리지 않아요.
10개씩 묶음이 1개면 10개, 2개면 20개,
3개면 30개……예요.

10마리씩 묶기

➡ 10마리씩 묶음이 ☐ 개

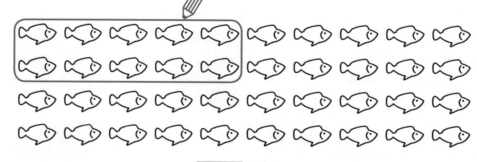

답   물고기는 모두 ☐ 0 마리입니다.

10개씩 묶어 세는 활동은 낱개 10개가 모여 10개씩 묶음 하나가 되는 십진법의 기초가 됩니다. 낱개로 하나
씩 세어도 되지만 수가 커질수록 하나씩 세는 것은 오래 걸리고 빠뜨리기 쉬우므로 수를 10개씩 묶으면서
셀 수 있도록 지도해 주세요.

그림을 ❶ 10개씩 묶고 ➡ ❷ 수로 나타내세요.

꽃게는 모두 **몇 마리**일까요?

> 문제 위에 10마리씩
> 묶으면서 세어 보자.

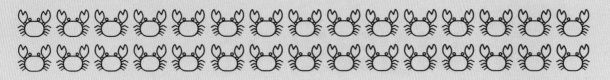

10마리씩 묶기 10마리씩 묶음이 ☐ 개

답 꽃게는 모두 ☐ 마리입니다.

조개는 모두 **몇 마리**일까요?

10마리씩 묶기 10마리씩 묶음이 ☐ 개

답 조개는 모두 ☐ 마리입니다.

34 단계

단계

몇십몇의 구조

어떻게 공부할까요?

공부할 내용		공부한 날짜	확인
1일	연결 모형으로 몇십몇 이해하기	월 일	
2일	초로 몇십몇 나타내기	월 일	
3일	몇십과 몇 모으기	월 일	
4일	몇십과 몇으로 가르기	월 일	
5일	1학년 연산 미리보기 묶음과 낱개로 나타내는 문장제	월 일	

몇십몇은 말 그대로 몇십과 몇으로 이루어진 수입니다. 몇십몇을 10개씩 묶음(몇십)과 낱개(몇)로 표현하면서 십진기수법의 원리를 배웁니다.

초등학교에서는 '십의 자리', '일의 자리'와 같은 용어로 수의 자리와 자릿값의 개념을 배우지만 지금은 아이가 어렵게 느낄 수 있으므로 '10개씩 묶음', '낱개'라는 말을 사용합니다.

연산 시각화 모델

연결 모형 모델

10개씩 묶음과 낱개로 되어 있는 몇십몇의 구조를 한눈에 볼 수 있는 연결 모형 모델입니다. 연결 모형으로 수를 나타내는 훈련을 하면 수의 구조를 직관적으로 이해할 수 있습니다.

| 2 | 6 |

동전 모델

두 자리 수를 10원짜리 동전과 1원짜리 동전으로 나타낸 모델입니다. 동전을 이용하여 두 자리 수를 알아보면 99까지의 수를 쉽게 이해할 수 있습니다. 1원짜리 동전은 더 이상 발행되지 않고 현재는 쓰지 않아 일상에서 찾기 어려우므로 예전에 쓰던 동전이라고 설명해 주세요.

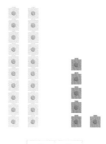

$$24 = \underline{20} + \underline{4}$$

 원리 연결 모형을 수로 나타내세요.

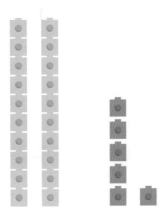

2	6

10짜리   1짜리

연결 모형 **두** 개!   연결 모형 **여섯** 개!

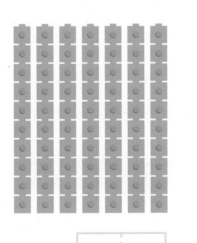

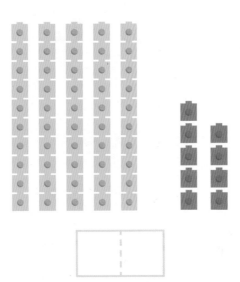

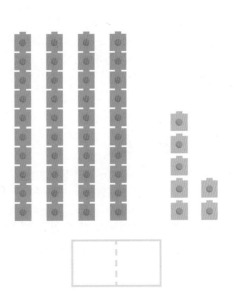

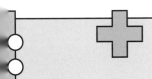
10개씩 묶음과 낱개로 나누어 표현한 연결 모형을 몇십몇으로 나타내고, 반대로 몇십몇이 연결 모형에서 10개씩 묶음과 낱개로 각각 몇 개인지 나누어 생각하는 훈련을 합니다. 이를 통해 몇십몇의 구조를 정확하게 이해할 수 있도록 합니다.

 주어진 수만큼 연결 모형을 색칠하세요.

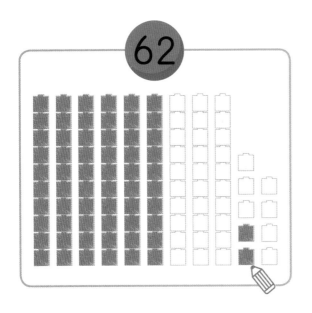

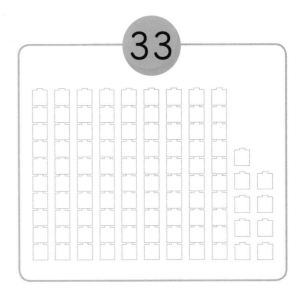

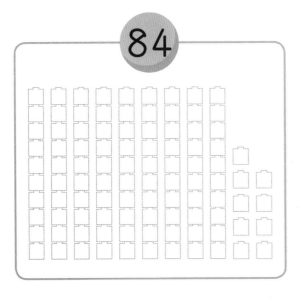

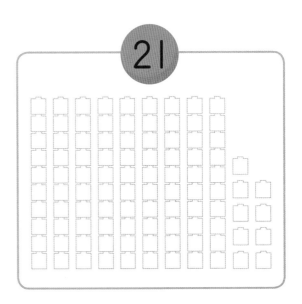

2일

몇십몇의 구조

초로 몇십몇 나타내기

 원리 나이만큼 초 스티커를 붙이세요.

긴 초는 10살,
짧은 초는 1살을
나타내지!

32살

14살

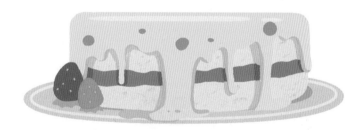

23살

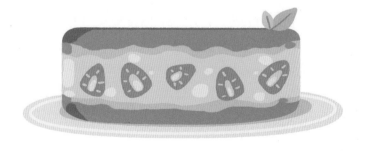

적용 초가 나타내는 수를 쓰세요.

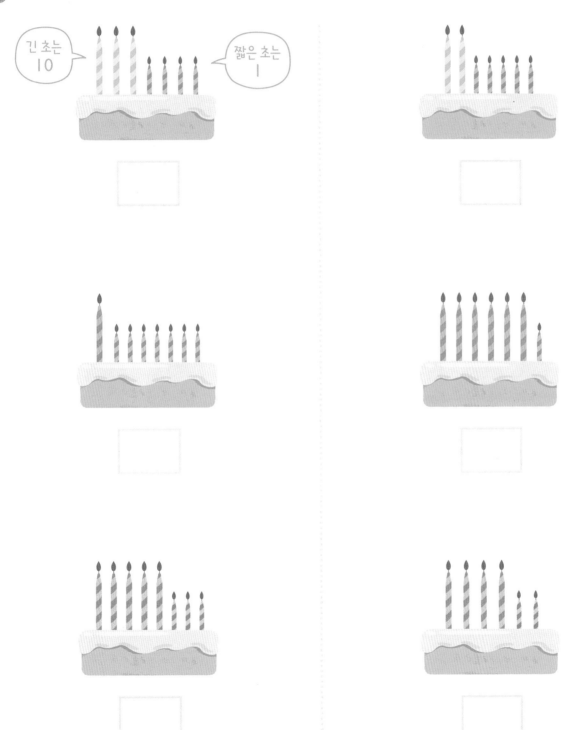

몇십과 몇 모으기

 원리 모두 얼마일까요? 덧셈을 하세요.

$$30 + 2 = \underline{32}$$

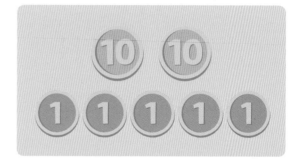

$$20 + 5 = \underline{}$$

$$80 + 0 = \underline{}$$

| 원짜리가 없네.

$$60 + 0 = \underline{}$$

$$40 + 3 = \underline{}$$

$$30 + 4 = \underline{}$$

지도가이드

몇십과 몇을 모아 몇십몇을 만드는 연습을 합니다. 아이들은 자릿수가 다른 몇십과 몇을 더하는 게 어려울 수 있습니다. 하지만 아이들에게 익숙한 동전을 이용하면 직관적으로 얼마인지 알 수 있습니다. 자연스럽게 10단위와 1단위를 나누어 생각하면서 몇십몇의 구조를 파악하는 연습을 하세요.

 덧셈을 하세요.

$20 + 7 = \underline{\hphantom{000}}$

$90 + 0 = \underline{\hphantom{000}}$

$10 + 9 = \underline{\hphantom{000}}$

$60 + 3 = \underline{\hphantom{000}}$

$40 + 2 = \underline{\hphantom{000}}$

$50 + 6 = \underline{\hphantom{000}}$

$90 + 5 = \underline{\hphantom{000}}$

$30 + 8 = \underline{\hphantom{000}}$

$70 + 4 = \underline{\hphantom{000}}$

$80 + 1 = \underline{\hphantom{000}}$

원리 몇십몇을 몇십과 몇의 덧셈으로 나타내세요.

24 = <u>20</u> + <u>4</u>

42 = ___ + ___

33 = ___ + ___

50 = ___ + <u>0</u>

1원짜리는 없어.

70 = ___ + ___

15 = ___ + ___

몇십몇을 몇십과 몇의 덧셈으로 나타내세요.

84 = <u>80</u> + <u>4</u>   12 = ___ + __

35 = ___ + __   26 = ___ + __

48 = ___ + __   60 = ___ + __

71 = ___ + __   89 = ___ + __

57 = ___ + __   93 = ___ + __

묶음과 낱개로 나타내는 문장제

문제를 읽은 다음 ❶ 수를 10개씩 묶음과 낱개로 나타내고 ➡ ❷ 답을 쓰세요.

송편 **36**개를 10개씩 묶어서 포장하려고 합니다.
10개씩 포장한 송편은 **몇 묶음**이 되고, **몇 개**가 남을까요?

잠깐!

12는 10개씩 묶음 1개, 낱개 2개이고,
25는 10개씩 묶음 2개, 낱개 5개랍니다.
36도 10개씩 묶음과 낱개로 나타내어 볼까요?

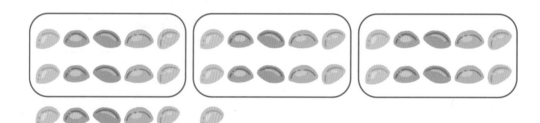

36

10개씩 묶음	낱개
3	

답 송편은 10개씩 _____ 묶음이 되고, _____개가 남습니다.

간혹 '삼십육'을 '306'으로 쓰는 아이들이 있습니다. 이는 수의 구조를 이해하지 못했기 때문입니다. 몇십몇을 10개씩 묶어 세면서 묶음과 낱개로 나타내는 연습을 통해 두 자리 수의 구조를 이해할 수 있도록 지도해 주세요.

문제를 읽은 다음 **❶** 수를 10개씩 묶음과 낱개로 나타내고 **➡** **❷** 답을 쓰세요.

색종이 **55**장을 10장씩 묶어서 보관하려고 합니다.
10장씩 묶은 색종이는 **몇 묶음**이 되고, **몇 장**이 남을까요?

55

10장씩 묶음	낱개

답 ▶ 색종이는 10장씩 _____ 묶음이 되고, _____ 장이 남습니다.

야구공 **72**개를 한 상자에 10개씩 담으려고 합니다.
10개씩 담은 야구공은 **몇 상자**가 되고, **몇 개**가 남을까요?

상자

72

10개씩 묶음	낱개

답 ▶ 야구공은 10개씩 _____ 상자가 되고, _____ 개가 남습니다.

35 단계

두 자리 수의 순서

어떻게 공부할까요?

공부할 내용	공부한 날짜	확인
1일 100까지의 수의 순서 ①	월 일	
2일 100까지의 수의 순서 ②	월 일	
3일 수직선에서 수의 위치	월 일	
4일 1 큰 수와 1 작은 수, 10 큰 수와 10 작은 수	월 일	
5일 1학년 연산 미리보기 두 자리 수의 크기 비교	월 일	

33단계, 34단계에서 몇십과 몇십몇을 공부했습니다. 35단계에서는 1부터 100까지의 수를 순서대로 읽고 쓰면서 수의 계열을 충분히 이해할 수 있도록 연습합니다. 이 과정에서 '26'을 '이십여섯'이나 '스물육'처럼 뒤섞어서 읽지 않도록 주의합니다. 수의 순서가 있는 다양한 경우를 활용하여 아이가 수 계열을 이해할 수 있도록 도와주세요.

연산 시각화 모델

| 13 | 14 | 15 | 16 | 17 |

| 52 | 53 | 54 | 55 | 56 |

연속 수 띠 모델

1부터 100까지 수의 순서를 잘 익혔는지 확인하고, 시작점이 달라져도 수를 순서대로 셀 수 있도록 연습하는 과정입니다. 수의 순서를 생각하면서 빈칸을 채우거나 중간부터 세는 연습을 하는 것은 수 계열을 직관적으로 파악할 수 있는 기초가 됩니다.

20　　　22　　　25　　　　　　30

수직선 모델

화살표의 방향은 +, −를, 뛰어 세는 칸의 수는 수의 크기를 나타냅니다. 수직선은 연산을 이해하는 데 매우 효과적인 모델입니다. 0부터 100까지의 수를 나타낸 수직선 중의 일부이므로 시작하는 수를 보고 구하려는 수의 위치를 찾으며 수 계열을 확실하게 익힐 수 있습니다.

원리 수의 순서를 생각하며 번호가 없는 자리에 알맞은 수를 쓰세요.

🔊 | 부터 차례대로 읽으면서 쓰세요.

지도가이드

1부터 100까지의 수를 순서대로 써 보는 연습을 합니다. 초등학교에서는 이렇게 표로 생긴 모양을 '수 배열 표'라고 부릅니다. 아래쪽으로 갈수록 10씩 커지고 오른쪽으로 갈수록 1씩 커지는 규칙이 있습니다. 다양한 방향으로 수를 읽으면서 수가 어떻게 달라지는지 규칙을 찾아 보는 것도 좋습니다.

적용 수의 순서에 맞게 빈 곳에 알맞은 수를 쓰세요.

일	이	삼	사	오	육	칠	팔	구	십	
1	2	3	4	5	6	7	8	9	10	십
11	12	13					18	19	20	이십
21		23	24	25	26	27	28	29	30	삼십
31		33	34	35	36	37	38	39	40	사십
41		43	44						50	오십
51		53	54		56	57	58	59	60	육십
61	62	63	64		66		68	69	70	칠십
71	72	73	74		76	77		79	80	팔십
81	82	83	84	85	86	87	88		90	구십
91						97	98	99		백

두 자리 수의 순서

100까지의 수의 순서 ②

 책장에 책이 번호 순서대로 꽂혀 있어요. 번호가 없는 책에 알맞은 수를 쓰세요.

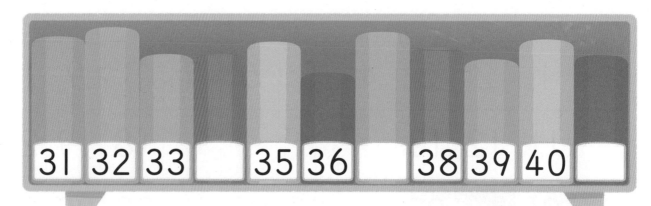

| 31 | 32 | 33 | | 35 | 36 | | 38 | 39 | 40 | |

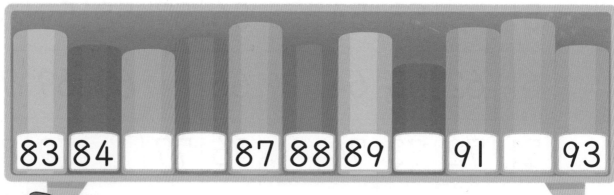

| 83 | 84 | | | 87 | 88 | 89 | | 91 | | 93 |

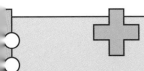

사이사이에 비어 있는 수를 구하는 문제입니다. 처음에 주어진 수부터 순서대로 세면 빈 곳의 수를 자연스럽게 찾을 수 있습니다. 시작하는 수가 달라지므로 차분하게 수를 순서대로 세는 연습을 하세요. 빈 곳의 수를 바로 떠올리기 어렵다면 1일차 학습으로 돌아가 1부터 100까지의 수를 다시 한번 연습하세요.

 순서에 맞게 빈칸에 알맞은 수를 쓰세요.

| 13 | 14 | 15 | 16 | 17 |

| 25 | 26 | | 28 | 29 |

| 36 | 37 | 38 | | 40 |

| 44 | | 46 | 47 | 48 |

| | 53 | 54 | | 56 |

| 69 | | 71 | | 73 |

| 73 | 74 | 75 | | | 78 | 79 | | 81 | 82 | |

| 89 | 90 | 91 | | 93 | | 95 | 96 | 97 | |

두 자리 수의 순서
수직선에서 수의 위치

원리 시작하는 수를 잘 보고 □ 안에 알맞은 수를 쓰세요.

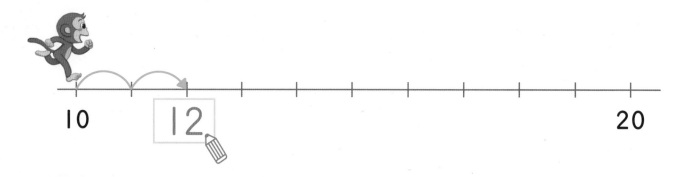

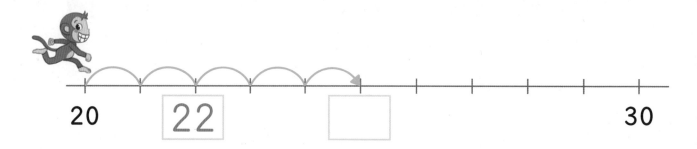

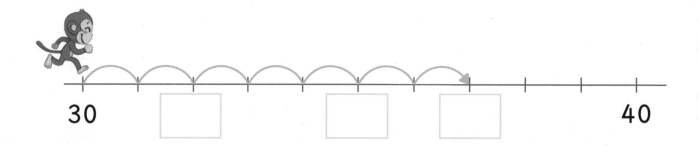

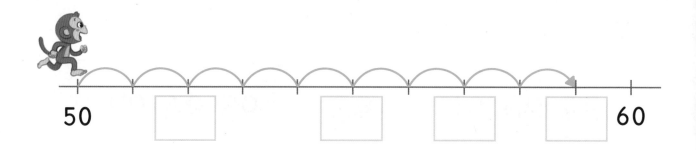

지도가이드

0부터 100까지의 수를 1단위로 나타낸 수직선의 일부입니다. 21단계에서 수직선을 이용하여 수의 순서를 익힌 것처럼 100까지의 수 계열도 시작하는 수를 잘 보고 익힐 수 있도록 지도해 주세요. 수직선에서 시작하는 수를 먼저 확인하고 1씩 뛰어 세며 수의 위치를 찾습니다.

적용 주어진 수의 위치를 찾아 깃발 스티커를 붙이세요.

20에서 4칸 뛰면 24!

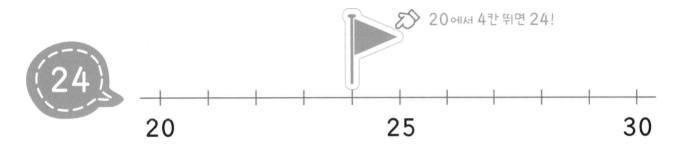

24

20   25   30

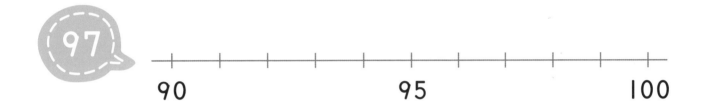

97

90   95   100

63

60   65   70

86

80   85   90

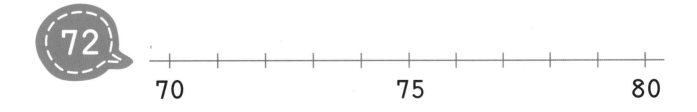

72

70   75   80

두 자리 수의 순서

1 큰 수와 1 작은 수, 10 큰 수와 10 작은 수

 연결 모형을 더 그리거나 지우면 수가 어떻게 달라지는지 살펴보세요.

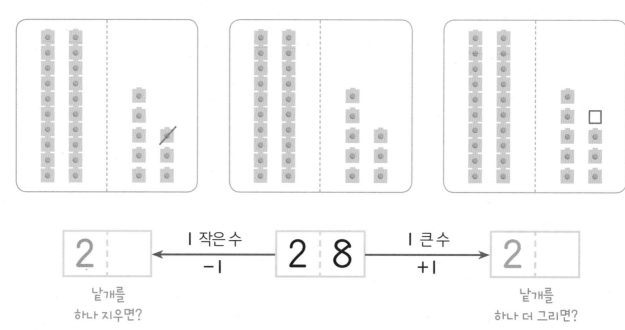

2	← 1 작은 수 −1	2 8

2 8	1 큰 수 +1 →	2

낱개를
하나 지우면?

낱개를
하나 더 그리면?

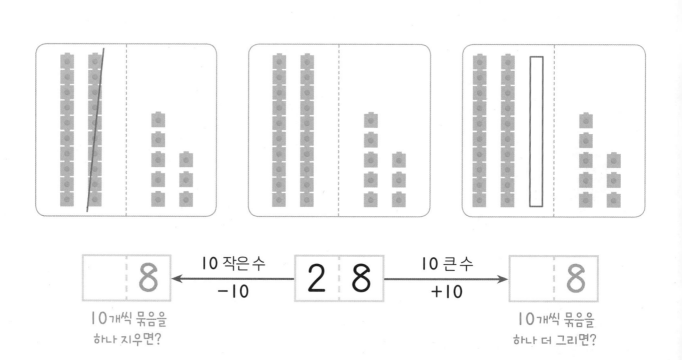

8	← 10 작은 수 −10	2 8

2 8	10 큰 수 +10 →	8

10개씩 묶음을
하나 지우면?

10개씩 묶음을
하나 더 그리면?

지도가이드

39쪽에서는 수의 순서를 바탕으로 1 큰 수와 1 작은 수, 10 큰 수와 10 작은 수를 익힙니다. 분홍색과 파란색의 답을 비교하며 아이들이 1 큰 수와 1 작은 수는 낱개의 수(일의 자리 수)가 바뀌고, 10 큰 수와 10 작은 수는 10개씩 묶음의 수(십의 자리 수)가 바뀌는 규칙을 발견할 수 있습니다.

적용 빈 곳에 알맞은 수를 쓰세요.

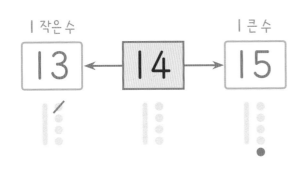

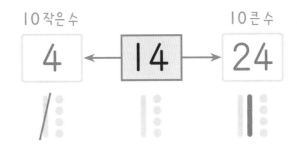

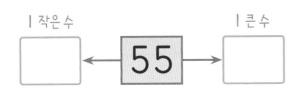

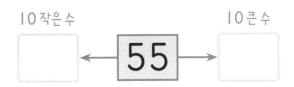

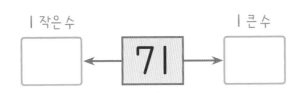

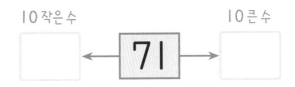

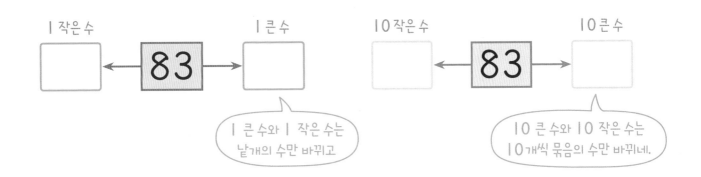

1 큰 수와 1 작은 수는 낱개의 수만 바뀌고

10 큰 수와 10 작은 수는 10개씩 묶음의 수만 바뀌네.

두 자리 수의 크기 비교

❶ I0개씩 묶음의 수를 확인하고 ➡ ❷ 수의 크기를 비교하세요.

두 수의 크기를 비교하여 ⬤ 안에 >, <로 나타내세요.

25 ⬤ 42

잠깐!

두 자리 수의 크기를 비교할 때에는 I0개씩 묶음의 수를 먼저 비교해요. I0개씩 묶음이 많을수록 더 큰 수예요. I0개씩 묶음의 수가 같으면 낱개의 수를 비교하세요.

25

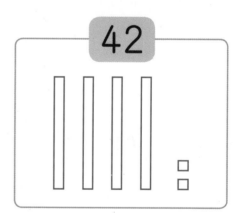

42

I0개씩 묶음이 2개!

I0개씩 묶음이 4개!

➜ I0개씩 묶음이 더 많은 수는 (25 , 42)입니다.

알맞은 수에 ○표 하자.

답 ▶ 25 ◯ 42

두 자리 수의 크기를 비교할 때는 10개씩 묶음(십의 자리)의 수를 먼저 비교해야 합니다. 10개씩 묶음의 수가 같은 경우 "10개씩 묶음의 수가 같으니까 낱개의 수가 어느 쪽이 더 많은지 볼까?"라고 물어 보면서 낱개의 수를 비교해 답을 찾아야 하는 사실을 알려주세요.

주어진 수를 ❶ 10개씩 묶음과 낱개로 나타내고 ➡ ❷ 수의 크기를 비교하세요.

두 수의 크기를 비교하여 ⬤ 안에 >, <로 나타내세요.

52 ⬤ 48

문제의 ○ 안에 답을 쓰자.

52 10개씩 묶음 ☐ 개, 낱개 ☐ 개

48 10개씩 묶음 ☐ 개, 낱개 ☐ 개

두 수의 크기를 비교하여 ⬤ 안에 >, <로 나타내세요.

33 ⬤ 38

10개씩 묶음의 수가 같으면 낱개의 수를 비교하자.

33 10개씩 묶음 ☐ 개, 낱개 ☐ 개

38 10개씩 묶음 ☐ 개, 낱개 ☐ 개

36 단계

몇십의 덧셈과 뺄셈

어떻게 공부할까요?

공부할 내용	공부한 날짜	확인
1일 연결 모형으로 덧셈하기	월 일	
2일 덧셈 상황 익히기	월 일	
3일 연결 모형으로 뺄셈하기	월 일	
4일 뺄셈 상황 익히기	월 일	
5일 1학년 연산 미리보기 더 큰 수, 더 작은 수 구하기	월 일	

무엇을 배울까요?

몇십의 덧셈과 뺄셈은 아이들에게 생소할 수 있습니다. 앞에서 배운 한 자리 수의 계산처럼 몇십을 계산할 수 있다는 것을 이해하고 10개씩 묶음과 낱개 연결 모형을 이용해서 계산하는 연습을 합니다. 이를 바탕으로 37~40단계에서 배울 두 자리 수끼리의 계산에서 아이는 왜 십의 자리는 십의 자리끼리 계산해야 하는지 직관적으로 파악할 수 있습니다.

연산 시각화 모델

연결 모형-자릿값 모델

(몇)±(몇)을 계산할 때 낱개를 이용해 계산하듯이 (몇십)±(몇십)을 계산할 때도 10개씩 묶음을 직접 더하거나 빼면서 얼마인지 알아봅니다. (몇)±(몇)과 (몇십)±(몇십)을 묶어서 학습하면 두 식 사이의 유사성을 파악하여 개념을 이해할 수 있습니다.

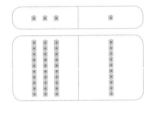

$$3 + 1 = 4$$

$$30 + 10 = 40$$

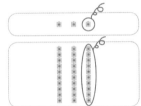

$$3 - 1 = 2$$

$$30 - 10 = 20$$

상황 모델

주변에서 쉽게 접할 수 있는 상황을 이용하면 몇십의 덧셈과 뺄셈을 이해하는 데 도움이 됩니다. 문제의 상황을 수학적으로 표현하고 계산하면서 덧셈과 뺄셈 개념을 다질 수 있습니다.

$$40 + 10 = 50$$

$$50 - 10 = 40$$

원리 연결 모형을 보고 덧셈을 하세요.

$3 + 1 = \boxed{4}$

$30 + 10 = \boxed{40}$

$2 + 3 = \boxed{}$

$20 + 30 = \boxed{}$

$5 + 2 = \boxed{}$

$50 + 20 = \boxed{}$

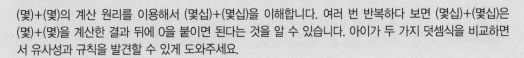

지도가이드

(몇)+(몇)의 계산 원리를 이용해서 (몇십)+(몇십)을 이해합니다. 여러 번 반복하다 보면 (몇십)+(몇십)은 (몇)+(몇)을 계산한 결과 뒤에 0을 붙이면 된다는 것을 알 수 있습니다. 아이가 두 가지 덧셈식을 비교하면서 유사성과 규칙을 발견할 수 있게 도와주세요.

 덧셈을 하세요.

4 + 1 =

40 + 10 =

3 + 5 =

30 + 50 =

1 + 6 =

10 + 60 =

4 + 2 =

40 + 20 =

7 + 2 =

70 + 20 =

4 + 4 =

40 + 40 =

원리 저금통에 동전을 모으고 있어요. 모두 얼마일까요?

$$40 + 10 = \boxed{}$$

$$20 + 70 = \boxed{}$$

$$60 + 20 = \boxed{}$$

$$30 + 30 = \boxed{}$$

덧셈을 하세요.

40+50=☐   30+20=☐

10+20=☐   20+50=☐

60+30=☐   10+70=☐

20+40=☐   20+20=☐

50+30=☐   40+30=☐

원리 연결 모형을 보고 뺄셈을 하세요.

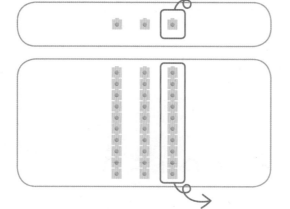

$3 - 1 = \boxed{2}$

$30 - 10 = \boxed{20}$

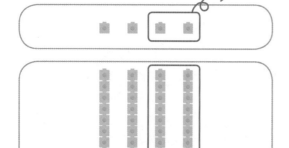

$4 - 2 = \boxed{}$

$40 - 20 = \boxed{}$

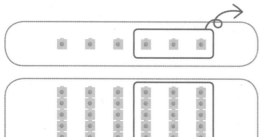

$6 - 3 = \boxed{}$

$60 - 30 = \boxed{}$

지도가이드

(몇)−(몇)과 (몇십)−(몇십)의 유사성을 이용해서 (몇십)−(몇십)의 계산 원리를 이해합니다. 몇십은 수가 커서 아이들이 겁낼 수 있지만 앞에서 배웠던 한 자리 수의 계산처럼 10개씩 묶음의 수로 계산할 수 있다는 것을 알면 쉽게 접근할 수 있습니다.

적용 뺄셈을 하세요.

$3 - 2 = \boxed{}$

$30 - 20 = \boxed{}$

$7 - 4 = \boxed{}$

$70 - 40 = \boxed{}$

$8 - 1 = \boxed{}$

$80 - 10 = \boxed{}$

$9 - 5 = \boxed{}$

$90 - 50 = \boxed{}$

$6 - 4 = \boxed{}$

$60 - 40 = \boxed{}$

$9 - 8 = \boxed{}$

$90 - 80 = \boxed{}$

원리 볼링 핀이 10개씩 모여 있어요. 쓰러지지 않은 볼링 핀은 몇 개일까요?

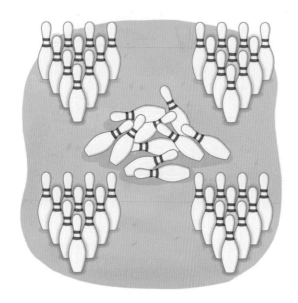

$$50 - 10 = \boxed{}$$

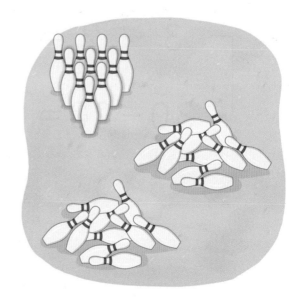

$$30 - 20 = \boxed{}$$

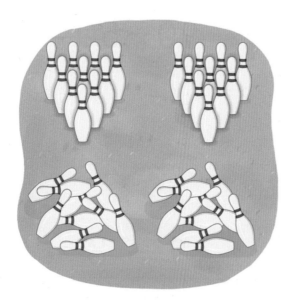

$$40 - 20 = \boxed{}$$

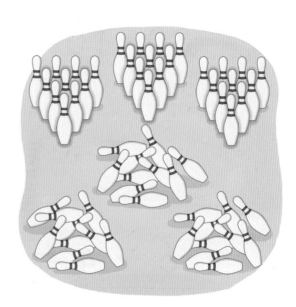

$$60 - 30 = \boxed{}$$

적용 뺄셈을 하세요.

$50 - 30 = \boxed{}$　　　　$60 - 10 = \boxed{}$

$80 - 10 = \boxed{}$　　　　$70 - 60 = \boxed{}$

$60 - 20 = \boxed{}$　　　　$90 - 30 = \boxed{}$

$90 - 70 = \boxed{}$　　　　$80 - 50 = \boxed{}$

$70 - 10 = \boxed{}$　　　　$90 - 20 = \boxed{}$

❶ 식을 세우고 ➡ ❷ 답을 구하세요.

다음 수를 구하세요.

60보다 20만큼 더 큰 수

잠깐! 33단계 4일차에서 아기 공룡은 수를 1씩 뛰어 세고
아빠 공룡은 10씩 뛰어 센 것 기억하나요?
10씩 뛰어 세는 수직선을 생각하면서 식을 세워요.

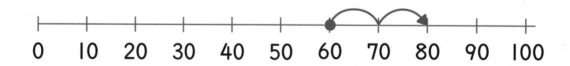

0 10 20 30 40 50 60 70 80 90 100

식 ▶ | 60 | + | 20 | = | |

답 ▶ _____

지도가이드

덧셈식을 세워야 할지, 뺄셈식을 세워야 할지 헷갈린다면 아이들에게 익숙한 수직선이나 10원짜리 동전을 이용하여 문제를 해결하는 것이 좋습니다. 더 큰 수를 구할 때는 수가 커지니까 덧셈식, 더 작은 수를 구할 때는 수가 작아지니까 뺄셈식을 세워야 한다고 한 번 더 말해 주세요.

❶ 식을 세우고 ➡ ❷ 답을 구하세요.

다음 수를 구하세요.

> 50보다 40만큼 더 큰 수

식 ▶

답 ▶ _____

다음 수를 구하세요.

> 30보다 10만큼 더 작은 수

식 ▶

답 ▶ _____

37 단계

멋십멋의 덧셈 ❶

어떻게 공부할까요?

공부할 내용	공부한 날짜	확인
1일 두 자리 수의 구조	월 일	
2일 (몇십몇)+(몇)	월 일	
3일 (몇십몇)+(몇십)	월 일	
4일 세로로 덧셈하기	월 일	
5일 1학년 연산 미리보기 더 많은 것을 구하는 덧셈 문장제	월 일	

37단계에서는 (몇십몇)+(몇), (몇십몇)+(몇십)을 연습합니다. (몇십몇)+(몇)을 계산하면 낱개의 수가 바뀌고, (몇십몇)+(몇십)을 계산하면 10개씩 묶음의 수가 바뀝니다. 두 자리 수의 구조를 잘 이해하고 있다면 쉽게 이해할 수 있는 개념이므로 아직 어렵게 생각한다면 34단계로 돌아가 복습하세요.

연산 시각화 모델

수직선 모델

화살표의 방향은 +, −를, 뛰어 세는 칸의 수는 수의 크기를 나타냅니다. 앞에서 배운 '이어 세기 전략'을 이용하여 처음 수의 위치에서 출발하여 뒤의 수만큼 뛰어서 셀 수 있도록 도와 주세요.

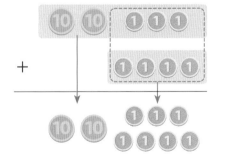
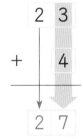

동전 – 세로셈 모델

10원짜리는 10원짜리끼리, 1원짜리는 1원짜리끼리 더하는 것처럼 몇십은 몇십(10개씩 묶음)끼리, 몇은 몇(낱개)끼리 더하여 덧셈을 합니다. 두 자리 수 이상의 덧셈을 할 때 세로셈을 이용하면 같은 자리 수끼리의 덧셈을 쉽게 이해할 수 있습니다.

몇십몇의 덧셈 ❶
두 자리 수의 구조

원리 10개씩 묶음이나 낱개 연결 모형이 하나씩 더 늘어나면 수는 어떻게 달라질까요?

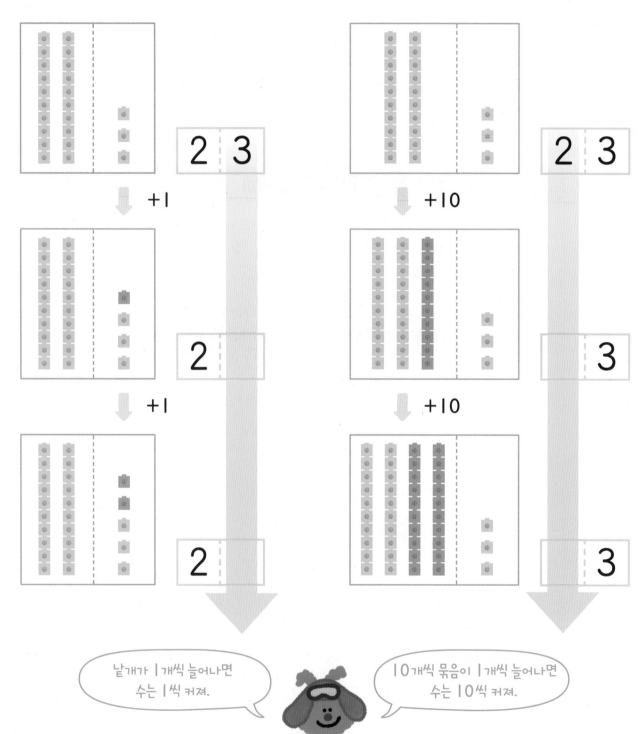

낱개가 1개씩 늘어나면
수는 1씩 커져.

10개씩 묶음이 1개씩 늘어나면
수는 10씩 커져.

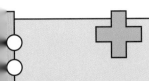

지도가이드

연결 모형을 이용하여 몇십몇을 10개씩 묶음과 낱개로 나타낸 후 10개씩 묶음이 하나 많아지면 수는 10 커지고, 낱개가 하나 많아지면 수는 1 커지는 사실을 알게 합니다. 십의 자리, 일의 자리라고 하는 용어는 아직 배우지 않았지만 두 자리 수의 자릿값 개념을 이해할 수 있도록 도와주세요.

 10개씩 묶음이나 낱개 연결 모형을 하나씩 더 그리면 수는 어떻게 달라질까요?

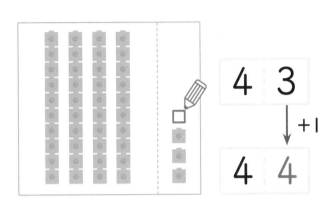

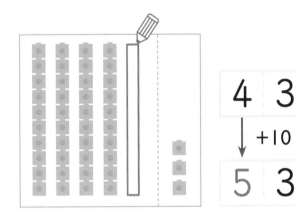

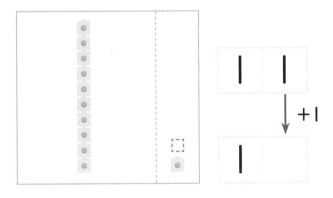

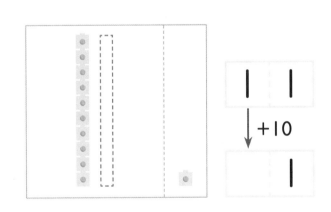

낱개가 하나 늘어나면?

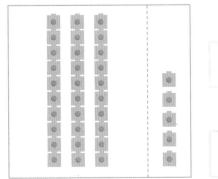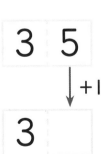

10개씩 묶음이 하나 늘어나면?

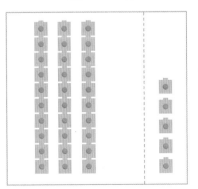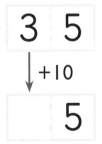

(몇십몇)+(몇)

원리 수직선에 뛰어 세는 화살표를 그리고, 덧셈을 하세요.

$25 + 3 = \boxed{}$

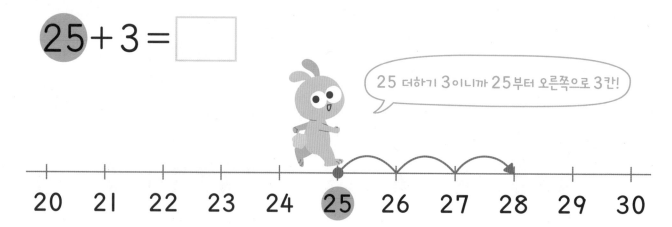

25 더하기 3이니까 25부터 오른쪽으로 3칸!

20 21 22 23 24 **25** 26 27 28 29 30

$52 + 6 = \boxed{}$

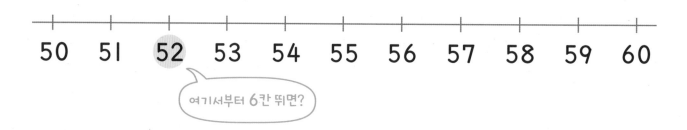

여기서부터 6칸 뛰면?

50 51 **52** 53 54 55 56 57 58 59 60

$93 + 4 = \boxed{}$

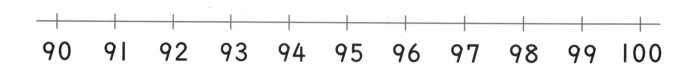

90 91 92 93 94 95 96 97 98 99 100

지도가이드

아이들은 25와 3을 더할 때 자릿값을 생각하지 않고 무조건 앞의 수끼리만 더해서 25+3=55로 계산하는 실수를 하기도 합니다. 아직 두 자리 수와 한 자리 수의 덧셈에 익숙하지 않으므로 수직선을 이용해 몇을 뛰어 세면서 실수를 줄이도록 연습하세요.

적용 덧셈을 하세요.

71+2 =

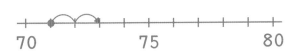

21+1 =

64+5 =

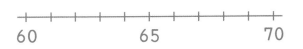

83+3 =

31+3 =

12+4 =

91+7 =

43+2 =

몇십몇의 덧셈 ❶
(몇십몇)+(몇십)

원리 젤리는 모두 몇 개일까요? 10씩 뛰어 세고, 덧셈을 하세요.

22　　　　　　32　　42　　□

+10　　+10　　+10

22+30=□

17　　　　27　　□　　□　　□

+10　　+10　　+10　　+10

17+40=□

지도가이드

3일차에서는 몇십몇에 몇십을 더하는 학습을 합니다. 더하는 수를 보고 10개씩 묶음의 수가 늘어나는지, 낱개의 수가 늘어나는지 아이와 이야기를 나누어 보세요. 그런 다음 2일차와 다르게 (몇십몇)+(몇십)에서는 두 자리 수의 10개씩 묶음의 수가 달라진다는 사실에 주의하며 덧셈을 하도록 지도해 주세요.

 덧셈을 하세요.

$16 + 60 =$ ☐

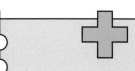

$43 + 50 =$ ☐

$77 + 10 =$ ☐

$21 + 20 =$ ☐

$19 + 20 =$ ☐

$24 + 50 =$ ☐

$38 + 30 =$ ☐

$45 + 40 =$ ☐

몇십몇의 덧셈 ❶
세로로 덧셈하기

원리 동전을 잘 보고, 세로로 덧셈을 하세요.

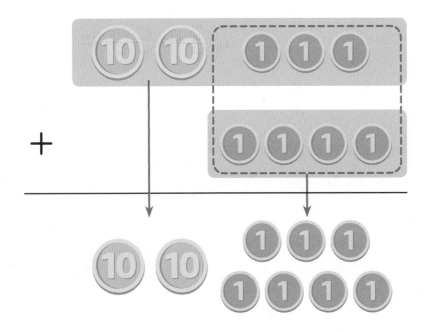

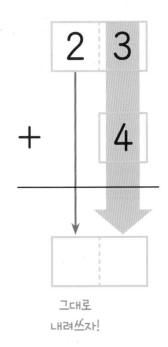

그대로
내려쓰자!

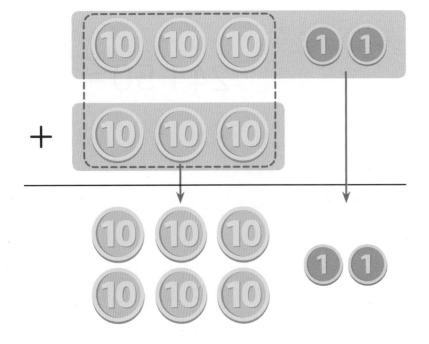

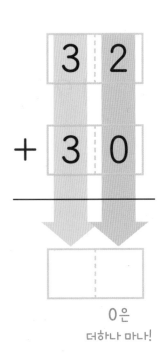

0은
더하나 마나!

지도가이드

받아올림이 없는 두 자리 수의 덧셈에서는 10개씩 묶음의 수부터 더해도 계산 결과가 달라지지 않습니다. 그렇지만 받아올림이 있는 덧셈에서는 낱개의 수부터 더해야 실수하지 않으므로 지금부터 낱개의 수를 먼저 계산하는 습관을 만들도록 지도해 주세요.

적용 덧셈을 하세요.

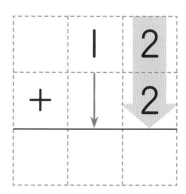

		5	4
+			1

		3	1
+			7

		4	9
+		1	0

		2	6
+		2	0

		7	5
+			2

		6	3
+		3	0

		7	1
+		1	0

더 많은 것을 구하는 덧셈 문장제

문제를 읽은 다음 ❶ 덧셈식을 세우고 ➡ ❷ 답을 구하세요.

목장에 소는 53마리 있고, 말은 소보다 4마리 더 많아요.
목장에는 말이 몇 마리 있을까요?

잠깐! 문제를 잘 읽어 보면 어떤 식을 세워야 할지 알 수 있어요.
더 많은 걸 구하려면 덧셈식을 세워야 해요.
반대로 더 적은 것을 구할 때는 뺄셈식을 세운답니다.

 : 53마리

 : 53마리보다 4마리 더 많아요.

식 ▶ | 53 | + | 4 | = |

답 ▶ 목장에는 말이 _____ 마리 있습니다.

주어진 것보다 몇 더 많은 수를 구하는 문제입니다. 계산 과정이 간단하다고 해서 이번 학습을 건너뛰면 수식이 복잡해졌을 때 잘못 계산하는 실수를 하게 될 수 있습니다. 지금부터 차근차근 문제를 읽고 식을 세우는 연습을 하세요.

문제를 읽은 다음 ❶ 덧셈식을 세우고 ➡ ❷ 답을 구하세요.

우리 반 남학생은 ||명이고, 여학생은 남학생보다 5명 더 많아요.
우리 반 여학생은 몇 명일까요?

식 ▶ 여학생: _____명보다 _____명 더 많아요.

➡ | | + | | = | |

답 ▶ 우리 반 여학생은 _____명입니다.

사과는 22개 있고, 딸기는 사과보다 20개 더 많아요.
딸기는 몇 개 있을까요?

식 ▶ 딸기: _____개보다 _____개 더 많아요.

➡ | | | | |

답 ▶ 딸기는 _____개 있습니다.

38 단계

단계

몇십몇의 덧셈 ❷

어떻게 공부할까요?

공부할 내용	공부한 날짜	확인
1일 동전으로 덧셈하기	월 일	
2일 구체물로 덧셈하기	월 일	
3일 세로로 덧셈하기	월 일	
4일 덧셈 종합	월 일	
5일 1학년 연산 미리보기 모두 구하는 덧셈 문장제	월 일	

무엇을 배울까요?

받아올림이 없는 두 자리 수끼리의 덧셈을 배웁니다. 이 단계에서 두 자리 수의 자릿값을 나타내는 다양한 수식 모델을 접하면 초등학교 2학년에서 배우는 받아올림이 있는 덧셈을 배우는 데 도움이 됩니다. 두 자리 수의 덧셈은 10개씩 묶음끼리, 낱개끼리 계산해야 하는 것임을 잊지 않도록 다시 한번 연습하세요.

연산 시각화 모델

동전 – 가로셈 모델

10개씩 묶음(10원짜리 동전)의 수와 낱개(1원짜리 동전)의 수를 세어 계산하는 모델입니다. 이러한 학습을 통해 가로셈의 형태일 때도 같은 자리끼리 계산해야 함을 잊지 않도록 합니다.

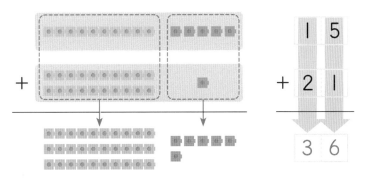

연결 모형 – 세로셈 모델

몇십은 몇십끼리, 몇은 몇끼리 더해서 답을 구하는 모델입니다. 점선을 기준으로 같은 자리끼리 자리를 맞추어 계산하는 연습을 하면 점선이 없는 세로셈도 계산을 잘 할 수 있어요.

몇십몇의 덧셈 ❷

동전으로 덧셈하기

원리 두 손에 놓인 동전은 모두 얼마일까요? 동전의 수를 세고, 덧셈을 하세요.

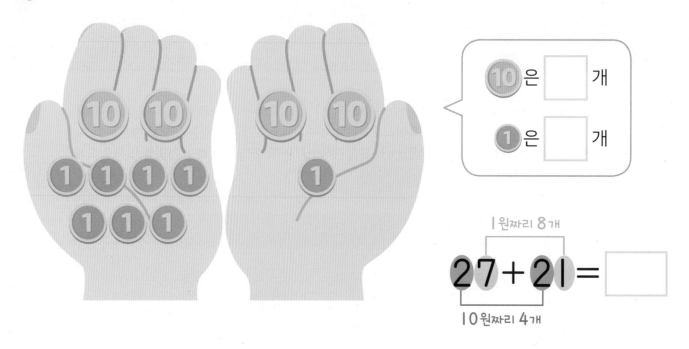

10은 ☐ 개

1은 ☐ 개

1원짜리 8개

$27 + 21 =$ ☐

10원짜리 4개

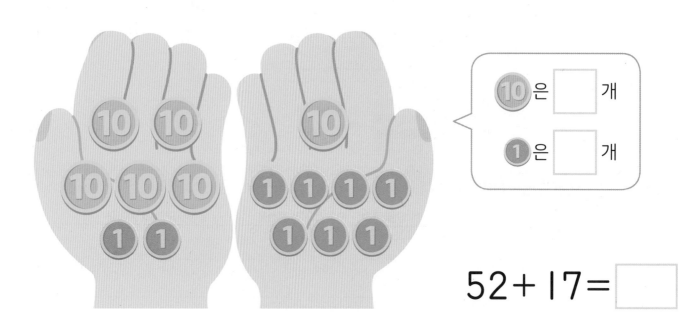

10은 ☐ 개

1은 ☐ 개

$52 + 17 =$ ☐

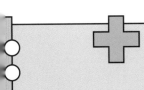

지도가이드

(몇십몇)+(몇십몇)을 10개씩 묶음은 10개씩 묶음끼리, 낱개는 낱개끼리 계산하는 연습을 합니다. 한눈에 보이는 10원짜리 동전 모형과 1원짜리 동전 모형을 이용하면 두 자리 수 덧셈의 계산 원리를 좀 더 쉽게 이해할 수 있습니다.

 덧셈을 하세요.

낱개

$51 + 43 =$ ☐

10개씩 묶음

$24 + 51 =$ ☐

$12 + 24 =$ ☐

$43 + 16 =$ ☐

$61 + 21 =$ ☐

$36 + 32 =$ ☐

$22 + 22 =$ ☐

$11 + 15 =$ ☐

구체물로 덧셈하기

원리 구슬을 10개씩 묶어 팔찌를 만들어요. 팔찌와 구슬의 수를 세고, 덧셈을 하세요.

10개씩 ☐ 묶음

낱개 ☐ 개

낱개

$21 + 21 = $ ☐

10개씩 묶음

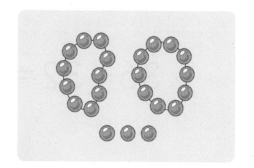
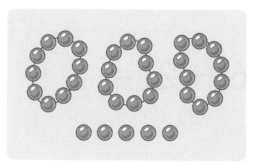

10개씩 ☐ 묶음

낱개 ☐ 개

$23 + 35 = $ ☐

지도가이드

가로로 되어 있는 두 자리 수끼리의 덧셈은 10개씩 묶음끼리, 낱개끼리 한눈에 보이지 않아 아이가 더 어렵다고 느낄 수 있습니다. 1일차에 이어서 두 자리 수 중에서 앞에 있는 자리의 수는 앞에 있는 자리의 수끼리, 뒤에 있는 자리의 수는 뒤에 있는 자리의 수끼리 연결하여 더하는 연습을 하세요.

 덧셈을 하세요.

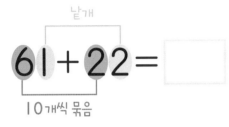

$31 + 14 =$

$25 + 31 =$

$42 + 22 =$

$11 + 21 =$

$73 + 15 =$

$33 + 64 =$

$21 + 52 =$

몇십몇의 덧셈 ❷
세로로 덧셈하기

원리 연결 모형을 잘 보고 덧셈을 하세요.

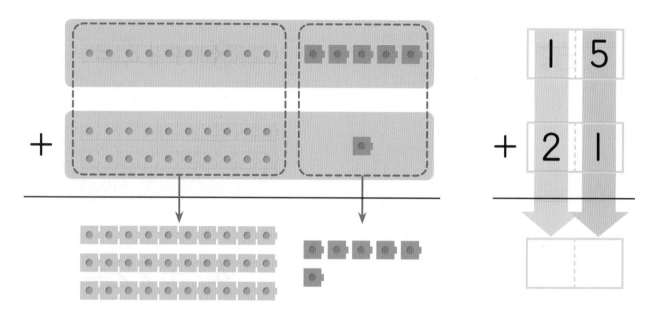

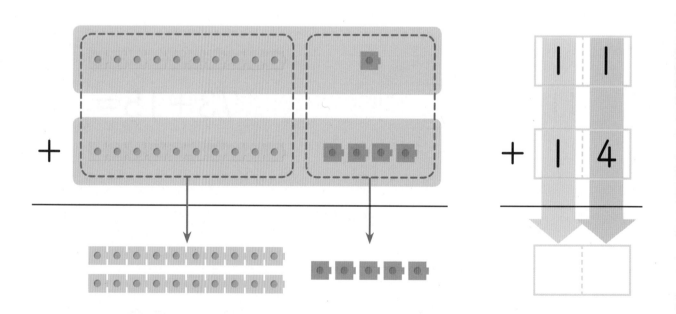

지금은 받아올림이 없는 두 자리 수의 덧셈을 배우므로 가로로 계산하는 것이 더 익숙할 수 있습니다. 그렇지만 앞으로 받아올림이 있는 두, 세 자리 수의 덧셈을 할 때에는 세로로 계산하는 방법을 많이 사용합니다. 미리 각 자리별로 줄을 맞추어 계산하는 세로 형식을 경험해 보세요.

적용 덧셈을 하세요.

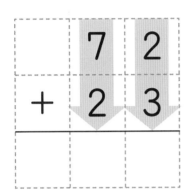

```
    7 2          2 1          4 3
+   2 3      +   3 1      +   4 1
```

```
    3 4          5 2          1 6
+   1 2      +   2 5      +   3 3
```

```
    2 1          1 2          3 4
+   1 7      +   5 1      +   4 2
```

 적용 덧셈을 하세요.

```
    2 5
+   4 2
─────────
```

```
    3 8
+   5 1
─────────
```

```
    4 1
+   1 6
─────────
```

```
    6 2
+   2 3
─────────
```

```
    2 1
+   5 2
─────────
```

```
    2 4
+   1 5
─────────
```

```
    1 5
+   1 3
─────────
```

```
    3 5
+   3 1
─────────
```

```
    3 2
+   4 2
─────────
```

지도가이드

여러 가지 수식 모델을 이용하여 받아올림이 없는 몇십몇끼리의 덧셈을 배웠습니다. 연산은 자연스럽게 답을 찾을 수 있을 때까지 반복해서 연습하는 것이 중요합니다. 아이가 연산에 익숙해질 수 있도록 한 번 더 연습해 보세요.

 활동

덧셈을 하고, 알맞은 옷을 찾아 답을 쓰세요.

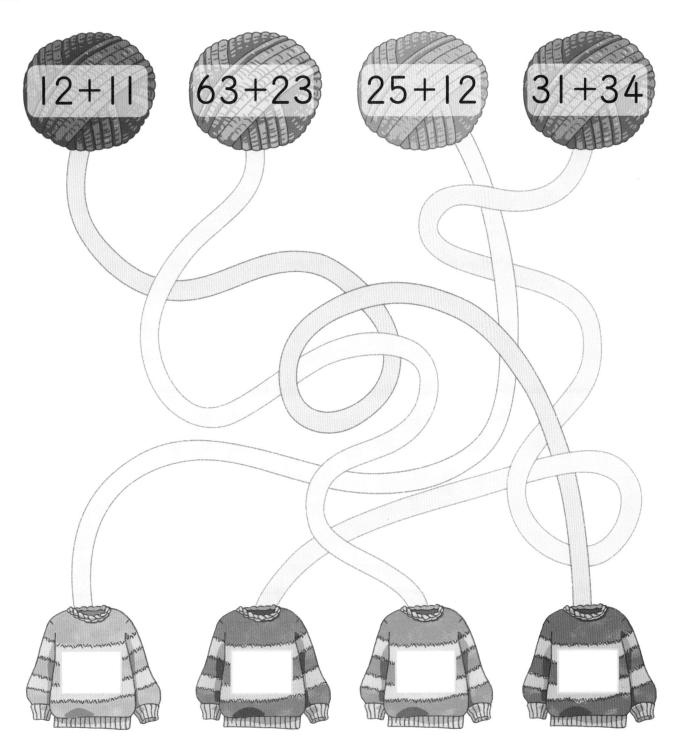

모두 구하는 덧셈 문장제

문제를 읽은 다음 ❶ 덧셈식을 세우고 ➡ ❷ 답을 구하세요.

버스에 16명이 타고 있었습니다. 정류장에서 13명이 더 탔습니다.
내린 사람이 없다면 지금 버스에 타고 있는 사람은 **모두 몇 명**일까요?

잠깐!
덧셈식을 세워야 할지, 뺄셈식을 세워야 할지 헷갈리나요?
"모두 몇 개" 또는 "모두 몇 명" 등을 묻는 문제는
덧셈식을 세워야 해요!

13명

16명

식 ▶ | 16 | + | 13 | = |

답 ▶ 지금 버스에 타고 있는 사람은 모두 _____ 명입니다.

지도가이드

덧셈에는 왼쪽 문제처럼 처음 있던 양에 다른 양이 추가되는 첨가 상황과 오른쪽 문제처럼 두 양을 합하는 합병 상황이 있습니다. 두 가지의 덧셈 상황을 구분하기보다는 다양한 덧셈 상황에 익숙해질 수 있도록 지도해 주세요.

문제를 읽은 다음 ❶ 덧셈식을 세우고 ➡ ❷ 답을 구하세요.

과일 가게에서 자두는 **36**개 팔렸고, 귤은 **42**개 팔렸습니다.
과일 가게에서 팔린 자두와 귤은 **모두 몇 개**일까요?

식

답 과일 가게에서 팔린 자두와 귤은 모두 _____ 개입니다.

지혜는 책을 어제 **22**쪽 읽고, 오늘 **31** 쪽 읽었습니다.
지혜는 어제와 오늘 책을 **모두 몇 쪽** 읽었을까요?

식

답 지혜는 어제와 오늘 책을 모두 _____ 쪽 읽었습니다.

39 단계

몇십몇의 뺄셈 ❶

어떻게 공부할까요?

공부할 내용	공부한 날짜	확인
1일 두 자리 수의 구조	월 일	
2일 (몇십몇)−(몇)	월 일	
3일 (몇십몇)−(몇십)	월 일	
4일 세로로 뺄셈하기	월 일	
5일 1학년 연산 미리보기 남은 것을 구하는 뺄셈 문장제	월 일	

39단계에서는 (몇십몇)-(몇), (몇십몇)-(몇십)을 연습합니다.

몇십, 몇십몇의 계산을 잘하기 위해서는 두 자리 수의 구조를 잘 이해하고 있어야 합니다. 1부터 99까지의 수를 10개씩 묶음과 낱개 구조로 파악할 수 있으면 10개씩 묶음끼리, 낱개끼리 더하고 빼는 개념을 쉽게 이해할 수 있습니다.

각 단계는 서로 유기적으로 연결되어 있으므로 아이가 하루의 학습 내용을 충실하게 공부할 수 있도록 지도해 주세요.

연산 시각화 모델

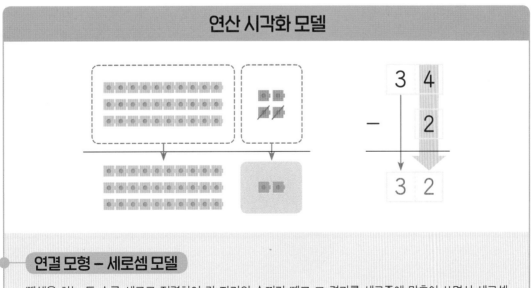

● 연결 모형 – 세로셈 모델

뺄셈을 하는 두 수를 세로로 정렬하여 각 자리의 수끼리 빼고 그 결과를 세로줄에 맞추어 쓰면서 세로셈의 원리를 연결 모형으로 이해합니다. 빼는 수만큼 /으로 지워서 얼마나 남는지 알도록 합니다.

몇십몇의 뺄셈 ①
두 자리 수의 구조

원리 10개씩 묶음이나 낱개 연결 모형이 하나씩 줄어들면 수는 어떻게 달라질까요?

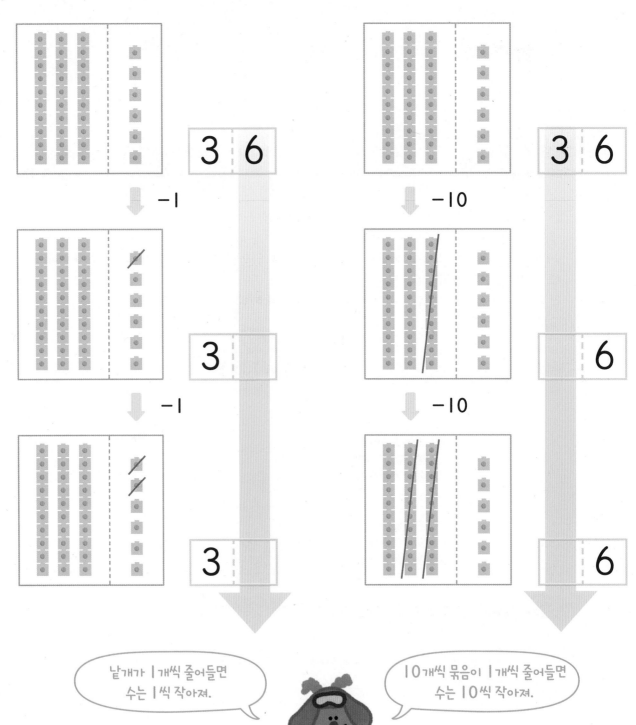

낱개가 1개씩 줄어들면
수는 1씩 작아져.

10개씩 묶음이 1개씩 줄어들면
수는 10씩 작아져.

연결 모형을 이용하여 몇십몇을 10개씩 묶음과 낱개로 나타낸 후 10개씩 묶음이 하나 줄어들면 수는 10 작아지고, 낱개가 하나 줄어들면 수는 1 작아지는 사실을 알게 합니다. 37단계에서 학습한 것과 마찬가지로 두 자리 수의 구조를 이해해서 앞으로 배울 뺄셈의 계산 방법을 쉽게 익힐 수 있도록 돕습니다.

 10개씩 묶음이나 낱개 연결 모형을 하나씩 지우면 수는 어떻게 달라질까요?

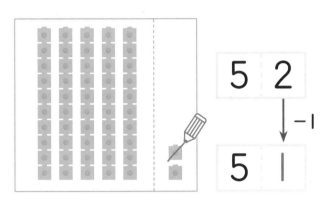

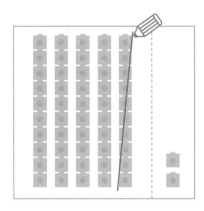

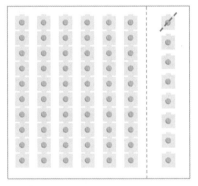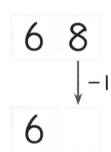

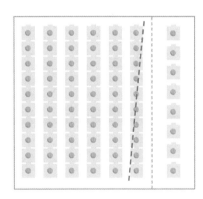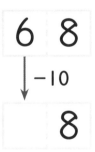

낱개가 하나 줄어들면?

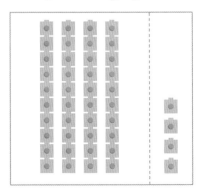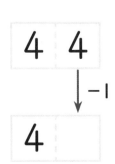

10개씩 묶음이 하나 줄어들면?

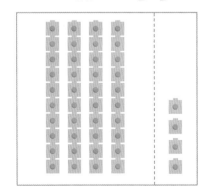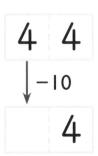

몇십몇의 뺄셈 ❶
(몇십몇)-(몇)

원리 친구들이 계단을 내려가고 있어요. 화살표를 그리면서 뺄셈을 하세요.

$27 - 3 =$ ☐

$78 - 5 =$ ☐

$99 - 2 =$ ☐

$34 - 4 =$ ☐

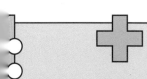

(몇십몇)−(몇)의 계산은 덧셈과 반대로 빼는 수만큼 계단을 내려가거나 수를 거꾸로 세면서 답을 구할 수 있도록 도와주세요. 이 방법 외에도 수 계열을 쉽게 파악할 수 있는 수직선이나 아이가 좋아하는 연산 모델을 이용할 수도 있습니다.

 뺄셈을 하세요.

$88 - 4 =$ ☐

88	87	86	85	84

$29 - 3 =$ ☐

29	28		

$49 - 2 =$ ☐

49		

$95 - 5 =$ ☐

95				

$39 - 6 =$ ☐

$97 - 1 =$ ☐

$54 - 3 =$ ☐

$19 - 7 =$ ☐

몇십몇의 뺄셈 ❶
(몇십몇)-(몇십)

 과일을 팔고 있어요. 남은 과일은 몇 개일까요?

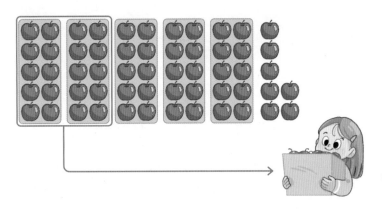

묶음이 3개 남아.

$57 - 20 =$ ☐

나는 20개 샀어!

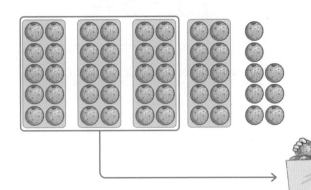

$48 - 30 =$ ☐

삼십 개는 너무 무거워!

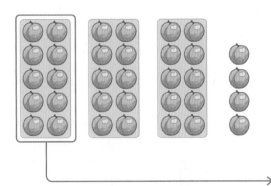

$34 - 10 =$ ☐

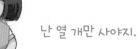 난 열 개만 사야지.

지도가이드

'57−20'은 10개씩 묶음 5개, 낱개 7개에서 10개씩 묶음 2개를 덜어 내야 합니다. 그러면 10개씩 묶음은 3개가 남고, 낱개 7개는 그대로 남아 있어요. 즉, (몇십몇)−(몇십)은 10개씩 묶음만 줄어든다는 것을 이해시켜 주세요. 같은 자리끼리 선으로 표시하면서 수만 보고 바로 계산할 수 있도록 연습을 해 보세요.

 뺄셈을 하세요.

52 − 10 =   78 − 40 =

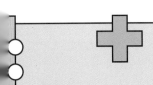

85 − 70 =   59 − 30 =

76 − 60 =   84 − 40 =

91 − 30 =   77 − 20 =

 연결 모형은 얼마나 남을까요?
빈 곳에 알맞은 연결 모형 스티커를 붙이고, 세로로 뺄셈을 하세요.

 스티커

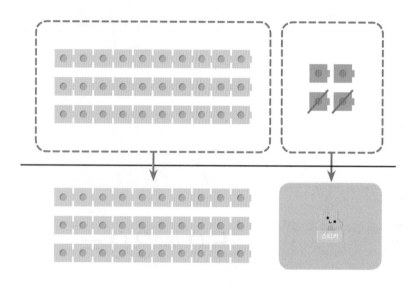

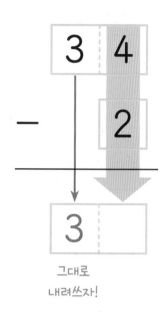

그대로
내려쓰자!

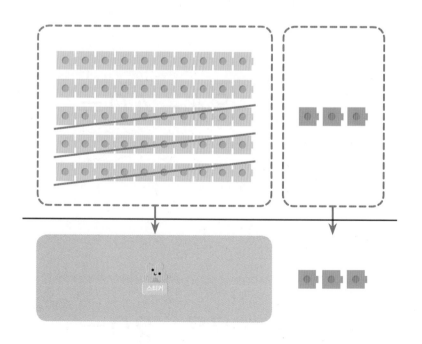

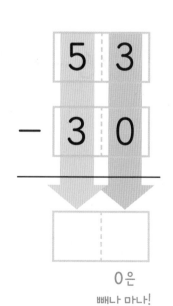

0은
빼나 마나!

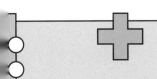

지도가이드

앞으로 받아내림이 있는 뺄셈을 배우게 될 때를 생각하여 낱개의 수부터 계산하도록 지도해 주세요. 뺄셈을 하다보면 맨 앞자리를 계산했을 때 0이 되는 경우가 있어요. 이럴 때의 0은 쓰지 않고 빈 자리로 둔답니다. 5, 6, 7을 쓸 때 05, 06, 07로 쓰지 않는 것과 같아요. 하지만 마지막 자리(낱개)에는 0을 꼭 써야 합니다.

 뺄셈을 하세요.

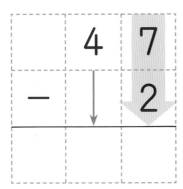

```
    4 7        7 3        6 4
 -    2      -   3      -   1
```

```
    5 1        4 7        9 9
 -  4 0      - 2 0      - 5 0
```

```
    9 4        3 5        5 2
 -    2      - 3 0      - 5 0
```

맨 앞자리 계산이 0이 되면
그냥 비워 두자!

남은 것을 구하는 뺄셈 문장제

문제를 읽은 다음 ❶ 뺄셈식을 세우고 ➡ ❷ 답을 구하세요.

장미 28송이가 있어요. 이 중에서 10송이로 꽃다발을 만들었어요.
꽃다발을 만들고 남은 장미는 몇 송이일까요?

 잠깐!
"남은" 것을 구할 때에는 뺄셈식을 세워요.
처음 있던 장미의 수에서 꽃다발을 만든 장미의 수를 빼면
남은 장미의 수를 구할 수 있어요.

식 ▶ | 28 | − | 10 | = |

답 ▶ 남은 장미는 _____ 송이입니다.

문제를 읽은 다음 ❶ 뺄셈식을 세우고 ➡ ❷ 답을 구하세요.

찬주는 색종이 63장을 가지고 있었어요.

그중에서 40장을 동생에게 주었어요.

찬주에게 남은 색종이는 몇 장일까요?

식

답 남은 색종이는 _____ 장입니다.

놀이터에서 어린이 45명이 놀고 있었어요.

잠시 후 어린이 20명이 집으로 돌아갔어요.

지금 놀이터에 남아 있는 어린이는 몇 명일까요?

식

답 놀이터에 남아 있는 어린이는 _____ 명입니다.

40 단계

몇십몇의 뺄셈 ②

어떻게 공부할까요?

공부할 내용	공부한 날짜	확인
1일 동전으로 뺄셈하기	월 일	
2일 구체물로 뺄셈하기	월 일	
3일 세로로 뺄셈하기	월 일	
4일 뺄셈 종합	월 일	
5일 1학년 연산 미리보기 비교하는 뺄셈 문장제	월 일	

40단계에서는 받아내림이 없는 두 자리 수끼리의 뺄셈을 익힙니다. 38단계에서 배운 두 자리 수의 덧셈과 같이 10개씩 묶음은 10개씩 묶음끼리, 낱개는 낱개끼리 계산합니다. 이러한 계산 원리는 세 자리 수나 네 자리 수 등으로 수가 커져도 동일하므로 동전이나 연결 모형 등 다양한 모델을 통해 충분히 이해시켜 주세요.

연산 시각화 모델

동전 – 가로셈 모델

10개씩 묶음(10원짜리 동전)의 수와 낱개(1원짜리 동전)의 수를 세어 계산하는 모델입니다. 이러한 학습을 통해 가로셈의 형태일 때도 같은 자리끼리 계산해야 함을 잊지 않도록 합니다.

⑩은 **2** 개

①은 **8** 개 남아!

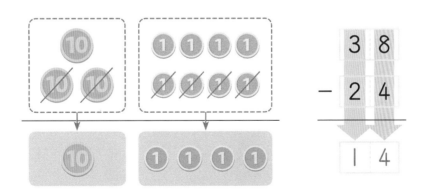

동전 – 자릿값 모델

몇십은 몇십끼리, 몇은 몇끼리 계산해서 답을 구하는 모델입니다. 동전 그림을 보고 수를 세면서 계산 원리를 이해하고, 익숙해지면 그림이 주어지지 않아도 계산할 수 있습니다.

몇십몇의 뺄셈 ❷
동전으로 뺄셈하기

원리 남은 동전은 얼마일까요? 빼는 수만큼 /으로 지우고, 뺄셈을 하세요.

🪙10 은 ☐ 개

🪙1 은 ☐ 개 남아!

| 원짜리 **8**개

$$39 - 11 = \boxed{}$$

10원짜리 **2**개

14만큼 지우자!

🪙10 은 ☐ 개

🪙1 은 ☐ 개 남아!

$$65 - 14 = \boxed{}$$

지도가이드

빼는 수만큼 /으로 지우는 것을 어려워한다면 먼저 빼는 수를 10원짜리 동전과 1원짜리 동전으로 나타내는 연습을 하세요. 10원짜리 동전과 1원짜리 동전을 이용하면 각 자리 수끼리 계산하는 두 자리 수 뺄셈의 계산 원리를 쉽게 이해할 수 있습니다.

 뺄셈을 하세요.

낱개

 79 − 54 =

10개씩 묶음

53 − 21 =

97 − 36 =

81 − 11 =

69 − 23 =

86 − 34 =

95 − 12 =

58 − 41 =

원리 남은 빵은 몇 개일까요? 빼는 수만큼 /으로 지우고 뺄셈을 하세요.

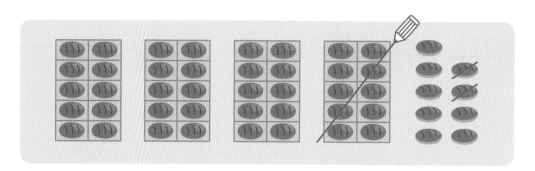

10개씩 ☐ 묶음,

낱개 ☐ 개가 남아!

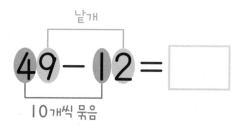

낱개

49 − 12 = ☐

10개씩 묶음

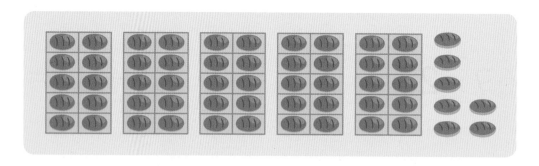

10개씩 ☐ 묶음,

낱개 ☐ 개가 남아!

57 − 41 = ☐

몇십몇의 뺄셈을 가로로 계산하는 것이 아직 어렵다면 구체물을 이용해 직접 눈으로 확인하며 계산하세요. 다양한 물건으로 계산하는 연습을 한 후 수만 보고 계산할 때는 앞의(십의 자리) 수는 앞의 수끼리, 뒤의(일의 자리) 수는 뒤의 수끼리 연결하면서 계산하면 실수를 줄일 수 있습니다.

적용 뺄셈을 하세요.

$98 - 44 =$ ☐

$39 - 17 =$ ☐

$27 - 12 =$ ☐

$55 - 24 =$ ☐

$99 - 36 =$ ☐

$66 - 22 =$ ☐

$96 - 11 =$ ☐

$74 - 21 =$ ☐

몇십몇의 뺄셈 ❷
세로로 뺄셈하기

원리 동전은 얼마나 남을까요? 빈 곳에 동전 스티커를 붙이고, 세로로 뺄셈을 하세요.

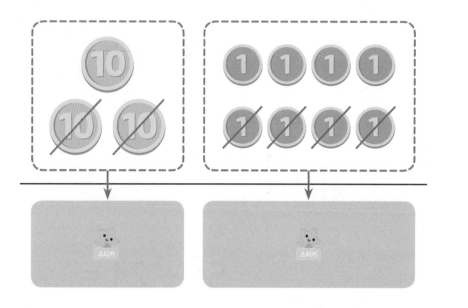

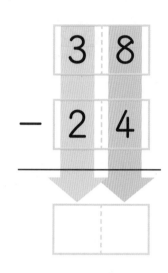

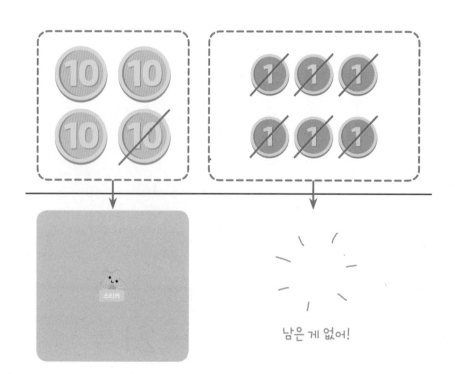

남은 게 없어!

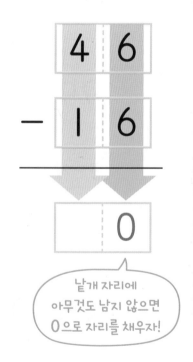

낱개 자리에 아무것도 남지 않으면 0으로 자리를 채우자!

몇십몇의 덧셈과 마찬가지로 아이가 각 자리 수를 세로로 잘 맞추어서 뺄셈을 하도록 지도해 주세요. 맨 앞 자리를 계산했을 때 아무것도 남지 않으면 0을 쓰지 않고 빈 자리로 남겨 두지만, 낱개끼리 계산해서 아무 것도 남지 않을 때에는 0으로 반드시 자리를 채워 써야 함에 주의하세요.

적용 뺄셈을 하세요.

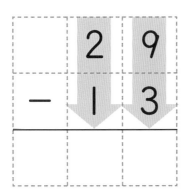

	2	9
−	1	3

	7	6
−	1	2

	4	7
−	2	4

	8	4
−	4	3

	6	9
−	3	6

	9	5
−	1	5

	7	8
−	2	1

	9	7
−	9	2

	5	6
−	4	4

적용 뺄셈을 하세요.

```
    2 6          4 9          7 4
  - 1 5        - 1 1        - 3 2
  -------      -------      -------


    8 9          9 9          6 8
  - 2 4        - 4 1        - 3 2
  -------      -------      -------


    9 8          8 9          5 8
  - 1 2        - 6 2        - 1 5
  -------      -------      -------
```

활동 색연필의 수를 보고 뺄셈을 한 후 색연필과 같은 색깔로 칠하세요.

 67  35  24  51

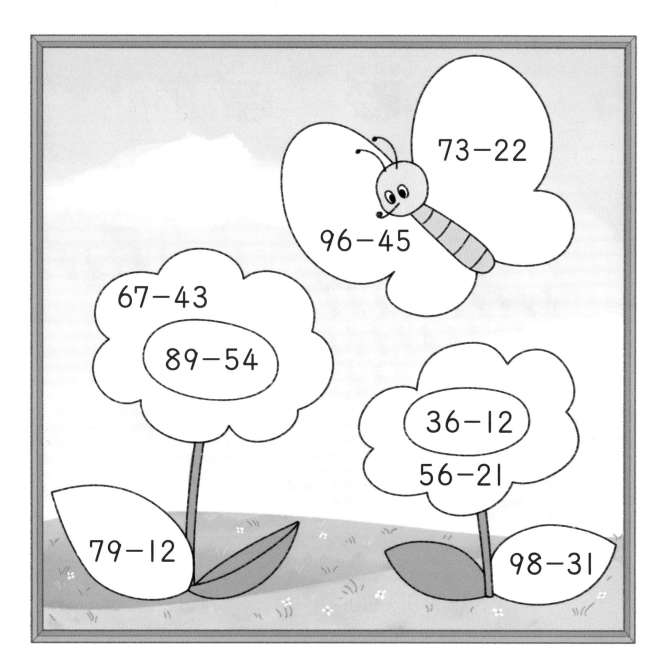

문제를 읽은 다음 ❶ 식을 세우고 ➡ ❷ 답을 구하세요.

딸기 맛 사탕이 바나나 맛 사탕보다 **몇 개** 더 많을까요?

39개 딸기 맛

바나나 맛 13개

딸기 맛 사탕 39개

바나나 맛 사탕 13개

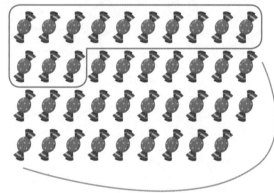

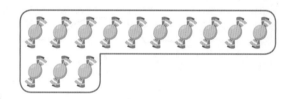

딸기 맛 사탕이
이만큼 더 많아요!

식 ➡ | 39 | − | 13 | = | |

답 ➡ 딸기 맛 사탕이 _____ 개 더 많습니다.

지도가이드

두 수의 크기를 비교하는 뺄셈 문장제를 연습하면서 학습을 마칩니다. 이어지는 계산법 1, 2권은 예비초등 과 학습 내용이 같은 초등학교 1학년 과정을 다루고 있습니다. 하지만 그림이 없고 문제 양도 훨씬 많기 때 문에 속도와 정확성에 중점을 둔 본격 연산을 시작합니다. 그동안 수고하셨습니다!

문제를 읽은 다음 ❶ 식을 세우고 ➡ ❷ 답을 구하세요.

딱지를 혜림이는 45장, 현경이는 32장 가지고 있습니다.
혜림이는 현경이보다 딱지를 **몇 장** 더 많이 가지고 있을까요?

식 ▶

답 ▶ 혜림이가 _____ 장 더 많이 가지고 있습니다.

할아버지는 69살, 할머니는 61살이에요.
누가 몇 살 더 많을까요?

둘 중에 더 큰 수가 여기에 와야지.

식 ▶

답 ▶ (할아버지 , 할머니)가 _____ 살 더 많습니다.

알맞은 말에 동그라미 하자.

5권의 학습이 끝났습니다.
기억에 남는 내용을
자유롭게 기록해 보세요.

초등용으로
만나요!

한 눈에 보는 정답

33 단계   몇십의 구조   104

34 단계   몇십몇의 구조   105

35 단계   두 자리 수의 순서   106

36 단계   몇십의 덧셈과 뺄셈   107

37 단계   몇십몇의 덧셈 ❶   108

38 단계   몇십몇의 덧셈 ❷   109

39 단계   몇십몇의 뺄셈 ❶   110

40 단계   몇십몇의 뺄셈 ❷   111

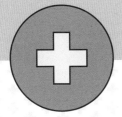

1일 8~9쪽

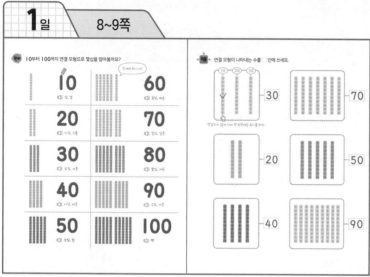

2일 10~11쪽

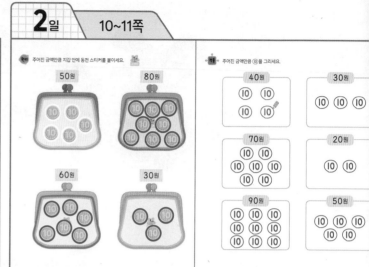

3일 12~13쪽

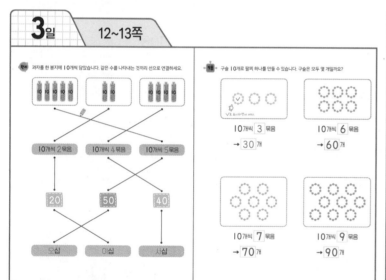

4일 14~15쪽

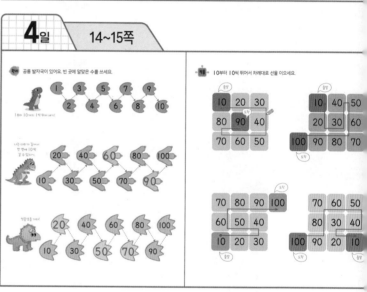

5일 16~17쪽

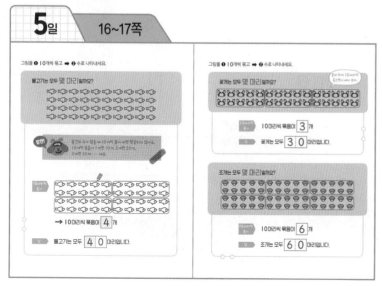

1일 20~21쪽

연결 모형을 수로 나타내세요.

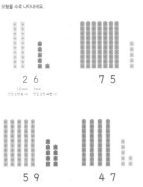

2 6

7 5

5 9

4 7

주어진 수만큼 연결 모형을 색칠하세요.

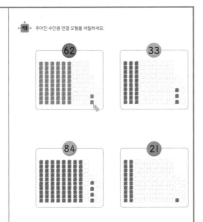

62

33

84

21

2일 22~23쪽

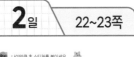

나이만큼 초 스티커를 붙이세요.

32살

14살

23살

초가 나타내는 수를 쓰세요.

34

25

17

61

53

42

3일 24~25쪽

모두 얼마일까요? 덧셈을 하세요.

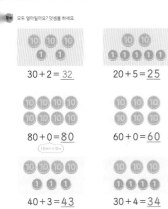

$30 + 2 = 32$

$20 + 5 = 25$

$80 + 0 = 80$

$60 + 0 = 60$

$40 + 3 = 43$

$30 + 4 = 34$

덧셈을 하세요.

$20 + 7 = 27$ 　　 $90 + 0 = 90$

$10 + 9 = 19$ 　　 $60 + 3 = 63$

$40 + 2 = 42$ 　　 $50 + 6 = 56$

$90 + 5 = 95$ 　　 $30 + 8 = 38$

$70 + 4 = 74$ 　　 $80 + 1 = 81$

4일 26~27쪽

몇십몇을 몇십과 몇의 덧셈으로 나타내세요.

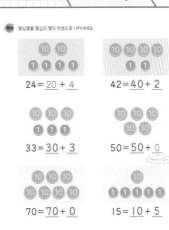

$24 = 20 + 4$

$42 = 40 + 2$

$33 = 30 + 3$

$50 = 50 + 0$

$70 = 70 + 0$

$15 = 10 + 5$

몇십몇을 몇십과 몇의 덧셈으로 나타내세요.

$84 = 80 + 4$ 　　 $12 = 10 + 2$

$35 = 30 + 5$ 　　 $26 = 20 + 6$

$48 = 40 + 8$ 　　 $60 = 60 + 0$

$71 = 70 + 1$ 　　 $89 = 80 + 9$

$57 = 50 + 7$ 　　 $93 = 90 + 3$

5일 28~29쪽

문제를 읽은 다음 ❶ 수를 10개씩 묶음과 낱개로 나타내고 ➡ ❷ 답을 쓰세요.

송편 36개를 10개씩 묶어서 포장하려고 합니다.
10개씩 포장한 송편은 몇 묶음이 되고, 몇 개가 남을까요?

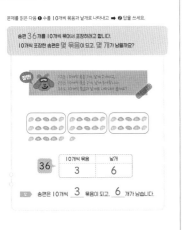

36	10개씩 묶음	낱개
	3	6

송편은 10개씩 __3__ 묶음이 되고, __6__ 개가 남습니다.

문제를 읽은 다음 ❶ 수를 10개씩 묶음과 낱개로 나타내고 ➡ ❷ 답을 쓰세요.

색종이 55장을 10개씩 묶어서 보관하려고 합니다.
10장씩 묶은 색종이는 몇 묶음이 되고, 몇 장이 남을까요?

55	10장씩 묶음	낱개
	5	5

색종이는 10장씩 __5__ 묶음이 되고, __5__ 장이 남습니다.

야구공 72개를 한 상자에 10개씩 담으려고 합니다.
10개씩 담은 야구공은 몇 상자가 되고, 몇 개가 남을까요?

72	10개씩 묶음	낱개
	7	2

야구공은 10개씩 __7__ 상자가 되고, __2__ 개가 남습니다.

35 단계 두 자리 수의 순서

1일 32~33쪽

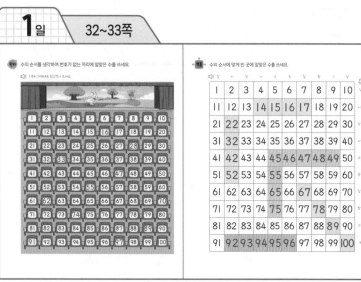

2일 34~35쪽

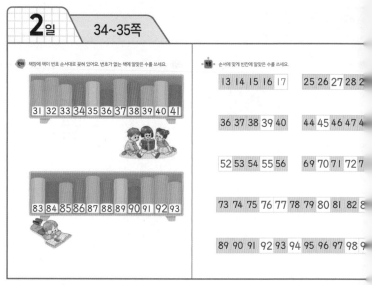

3일 36~37쪽

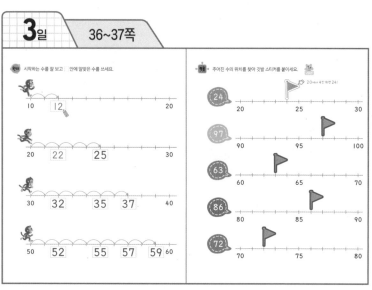

4일 38~39쪽

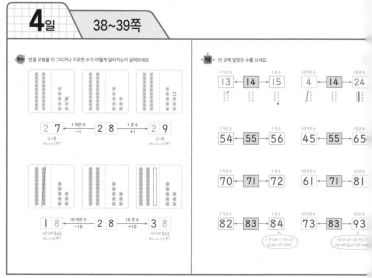

5일 40~41쪽

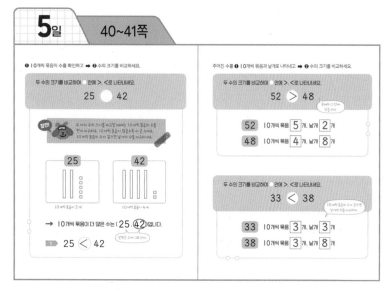

36 단계 몇십의 덧셈과 뺄셈

1일 44~45쪽

연결 모형을 보고 덧셈을 하세요.

$3 + 1 = 4$
$30 + 10 = 40$

$2 + 3 = 5$
$20 + 30 = 50$

$5 + 2 = 7$
$50 + 20 = 70$

덧셈을 하세요.

$4 + 1 = 5$
$40 + 10 = 50$

$3 + 5 = 8$
$30 + 50 = 80$

$1 + 6 = 7$
$10 + 60 = 70$

$4 + 2 = 6$
$40 + 20 = 60$

$7 + 2 = 9$
$70 + 20 = 90$

$4 + 4 = 8$
$40 + 40 = 80$

2일 46~47쪽

저금통에 동전을 모으고 있어요. 모두 얼마일까요?

$40 + 10 = 50$ $20 + 70 = 90$

$60 + 20 = 80$ $30 + 30 = 60$

덧셈을 하세요.

$40 + 50 = 90$ $30 + 20 = 50$

$10 + 20 = 30$ $20 + 50 = 70$

$60 + 30 = 90$ $10 + 70 = 80$

$20 + 40 = 60$ $20 + 20 = 40$

$50 + 30 = 80$ $40 + 30 = 70$

3일 48~49쪽

연결 모형을 보고 뺄셈을 하세요.

$3 - 1 = 2$
$30 - 10 = 20$

$4 - 2 = 2$
$40 - 20 = 20$

$6 - 3 = 3$
$60 - 30 = 30$

뺄셈을 하세요.

$3 - 2 = 1$
$30 - 20 = 10$

$7 - 4 = 3$
$70 - 40 = 30$

$8 - 1 = 7$
$80 - 10 = 70$

$9 - 5 = 4$
$90 - 50 = 40$

$6 - 4 = 2$
$60 - 40 = 20$

$9 - 8 = 1$
$90 - 80 = 10$

4일 50~51쪽

볼링 핀이 10개씩 모여 있어요. 쓰러지지 않은 볼링 핀은 몇 개일까요?

$50 - 10 = 40$ $30 - 20 = 10$

$40 - 20 = 20$ $60 - 30 = 30$

뺄셈을 하세요.

$50 - 30 = 20$ $60 - 10 = 50$

$80 - 10 = 70$ $70 - 60 = 10$

$60 - 20 = 40$ $90 - 30 = 60$

$90 - 70 = 20$ $80 - 50 = 30$

$70 - 10 = 60$ $90 - 20 = 70$

5일 52~53쪽

① 식을 세우고 ➡ ② 답을 구하세요.

다음 수를 구하세요.

60보다 20만큼 더 큰 수

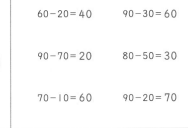

식 $60 + 20 = 80$

답 80

① 식을 세우고 ➡ ② 답을 구하세요.

다음 수를 구하세요.

50보다 40만큼 더 큰 수

식 $50 + 40 = 90$

답 90

다음 수를 구하세요.

30보다 10만큼 더 작은 수

식 $30 - 10 = 20$

답 20

37 단계 몇십몇의 덧셈 ❶

1일 56~57쪽

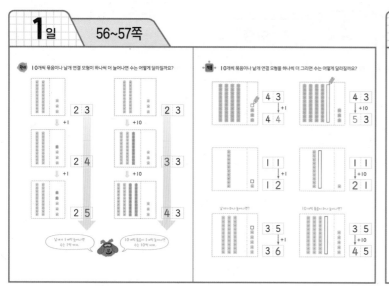

2일 58~59쪽

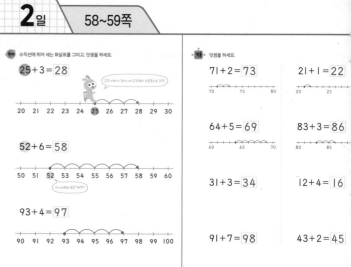

수직선에 뛰어 세는 화살표를 그리고, 덧셈을 하세요.

$25+3=28$

$52+6=58$

$93+4=97$

덧셈을 하세요.

$71+2=73$	$21+1=22$
$64+5=69$	$83+3=86$
$31+3=34$	$12+4=16$
$91+7=98$	$43+2=45$

3일 60~61쪽

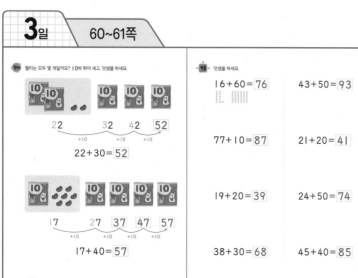

젤리는 모두 몇 개일까요? 10씩 뛰어 세고, 덧셈을 하세요.

$22 \quad 32 \quad 42 \quad 52$

$22+30=52$

$17 \quad 27 \quad 37 \quad 47 \quad 57$

$17+40=57$

덧셈을 하세요.

$16+60=76$	$43+50=93$
$77+10=87$	$21+20=41$
$19+20=39$	$24+50=74$
$38+30=68$	$45+40=85$

4일 62~63쪽

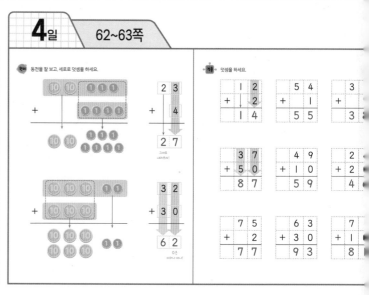

동전을 잘 보고, 세로로 덧셈을 하세요.

5일 64~65쪽

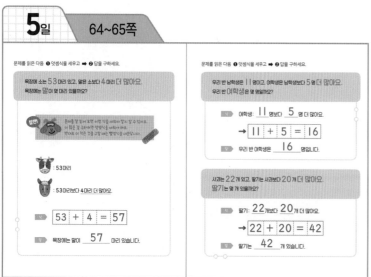

문제를 읽은 다음 ❶ 덧셈식을 세우고 ➡ ❷ 답을 구하세요.

목장에 소는 53마리 있고, 말은 소보다 4마리 더 많아요.
목장에는 말이 몇 마리 있을까요?

: 53마리

: 53마리보다 4마리 더 많아요.

$53 + 4 = 57$

목장에는 말이 __57__ 마리 있습니다.

문제를 읽은 다음 ❶ 덧셈식을 세우고 ➡ ❷ 답을 구하세요.

우리 반 남학생은 11 명이고, 여학생은 남학생보다 5명 더 많아요.
우리 반 여학생은 몇 명일까요?

여학생: __11__ 명보다 __5__ 명 더 많아요.

➡ $11 + 5 = 16$

우리 반 여학생은 __16__ 명입니다.

사과는 22개 있고, 딸기는 사과보다 20개 더 많아요.
딸기는 몇 개 있을까요?

딸기: __22__개보다 __20__개 더 많아요.

➡ $22 + 20 = 42$

딸기는 __42__ 개 있습니다.

38 단계 몇십몇의 덧셈 ❷

두 손에 놓인 동전은 모두 얼마일까요? 동전의 수를 세고, 덧셈을 하세요.

⑩은 **4** 개
①은 **8** 개

$27 + 21 = 48$

⑩은 **6** 개
①은 **9** 개

$52 + 17 = 69$

덧셈을 하세요.

$51 + 43 = 94$ $24 + 51 = 75$

$12 + 24 = 36$ $43 + 16 = 59$

$61 + 21 = 82$ $36 + 32 = 68$

$22 + 22 = 44$ $11 + 15 = 26$

구슬을 10개씩 묶어 팔찌를 만들어요. 팔찌와 구슬의 수를 세고, 덧셈을 하세요.

10개씩 **4** 묶음
낱개 **2** 개

$21 + 21 = 42$

10개씩 **5** 묶음
낱개 **8** 개

$23 + 35 = 58$

덧셈을 하세요.

$61 + 22 = 83$ $31 + 14 = 45$

$25 + 31 = 56$ $42 + 22 = 64$

$11 + 21 = 32$ $73 + 15 = 88$

$33 + 64 = 97$ $21 + 52 = 73$

연결 모형을 잘 보고 덧셈을 하세요.

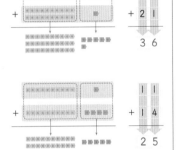

```
  1 5
+ 2 1
─────
  3 6
```

```
  1 1
+ 1 4
─────
  2 5
```

덧셈을 하세요.

```
  7 2
+ 2 3
─────
  9 5
```
```
  2 1
+ 3 1
─────
  5 2
```
```
  4 3
+ 4 1
─────
  8 4
```

```
  3 4
+ 1 2
─────
  4 6
```
```
  5 2
+ 2 5
─────
  7 7
```
```
  1 6
+ 3 3
─────
  4 9
```

```
  2 1
+ 1 7
─────
  3 8
```
```
  1 2
+ 5 1
─────
  6 3
```
```
  3 4
+ 4 2
─────
  7 6
```

덧셈을 하세요.

```
  2 5
+ 4 2
─────
  6 7
```
```
  3 8
+ 5 1
─────
  8 9
```
```
  4 1
+ 1 6
─────
  5 7
```

```
  6 2
+ 2 3
─────
  8 5
```
```
  2 1
+ 5 2
─────
  7 3
```
```
  2 4
+ 1 5
─────
  3 9
```

```
  1 5
+ 1 3
─────
  2 8
```
```
  3 5
+ 3 1
─────
  6 6
```
```
  3 2
+ 4 2
─────
  7 4
```

덧셈을 하고, 알맞은 옷을 찾아 답을 쓰세요.

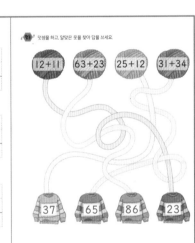

12+11   63+23   25+12   31+34

37   65   86   23

문제를 읽은 다음 ① 덧셈식을 세우고 ➡ ② 답을 구하세요.

버스에 16명이 타고 있었습니다. 정류장에서 13명이 더 탔습니다. 내린 사람이 없다면 지금 버스에 타고 있는 사람은 모두 몇 명일까요?

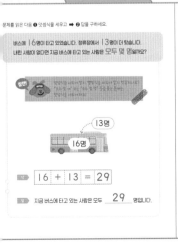

13명
16명

① $16 + 13 = 29$

② 지금 버스에 타고 있는 사람은 모두 **29** 명입니다.

문제를 읽은 다음 ① 덧셈식을 세우고 ➡ ② 답을 구하세요.

과일 가게에서 자두는 36개 팔렸고, 귤은 42개 팔렸습니다. 과일 가게에서 팔린 자두와 귤은 모두 몇 개일까요?

① $36 + 42 = 78$

② 과일 가게에서 팔린 자두와 귤은 모두 **78** 개입니다.

지혜는 책을 어제 22쪽 읽고, 오늘 31쪽 읽었습니다. 지혜는 어제와 오늘 책을 모두 몇 쪽 읽었을까요?

① $22 + 31 = 53$

② 지혜는 어제와 오늘 책을 모두 **53** 쪽 읽었습니다.

39 단계 몇십몇의 뺄셈 ❶

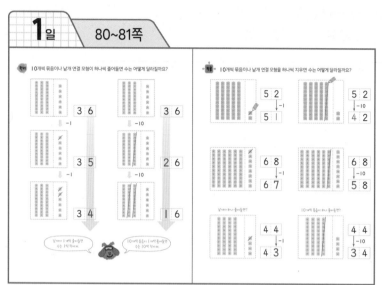

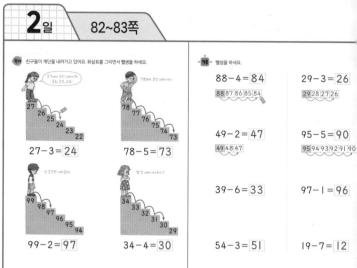

$88-4=84$ $29-3=26$

$49-2=47$ $95-5=90$

$39-6=33$ $97-1=96$

$54-3=51$ $19-7=12$

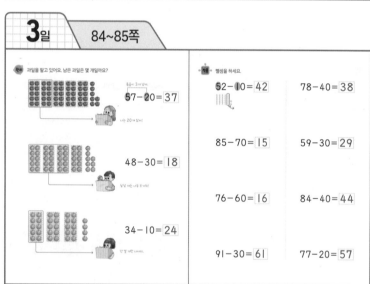

$52-10=42$ $78-40=38$

$85-70=15$ $59-30=29$

$76-60=16$ $84-40=44$

$91-30=61$ $77-20=57$

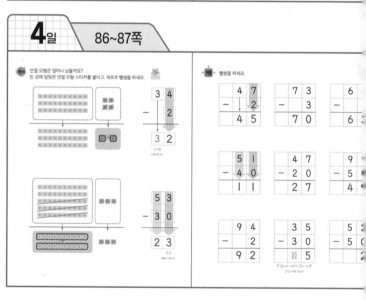

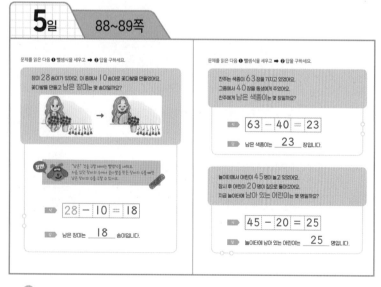

40단계 몇십몇의 뺄셈 ❷

1일 92~93쪽

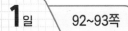
남은 동전은 얼마일까요? 빼는 수만큼 /으로 지우고 뺄셈을 하세요.

⑩은 **2** 개
①은 **8** 개 남아!

$39 - 11 = 28$

⑩은 **5** 개
①은 **1** 개 남아!

$65 - 14 = 51$

뺄셈을 하세요.

$79 - 54 = 25$ $53 - 21 = 32$

$97 - 36 = 61$ $81 - 11 = 70$

$69 - 23 = 46$ $86 - 34 = 52$

$95 - 12 = 83$ $58 - 41 = 17$

2일 94~95쪽

남은 빵은 몇 개일까요? 빼는 수만큼 /으로 지우고 뺄셈을 하세요.

10개씩 **3** 묶음.
낱개 **7** 개가 남아!

$49 - 12 = 37$

10개씩 **1** 묶음.
낱개 **6** 개가 남아!

$57 - 41 = 16$

뺄셈을 하세요.

$98 - 44 = 54$ $39 - 17 = 22$

$27 - 12 = 15$ $55 - 24 = 31$

$99 - 36 = 63$ $66 - 22 = 44$

$96 - 11 = 85$ $74 - 21 = 53$

3일 96~97쪽

동전은 얼마나 남을까요? 빈 곳에 동전 스티커를 붙이고 세로로 뺄셈을 하세요.

$$\begin{array}{r} 3\ 8 \\ -\ 2\ 4 \\ \hline 1\ 4 \end{array}$$

$$\begin{array}{r} 4\ 6 \\ -\ 1\ 6 \\ \hline 3\ 0 \end{array}$$

뺄셈을 하세요.

$$\begin{array}{r} 2\ 9 \\ -\ 1\ 3 \\ \hline 1\ 6 \end{array}\quad\begin{array}{r} 7\ 6 \\ -\ 1\ 2 \\ \hline 6\ 4 \end{array}\quad\begin{array}{r} 4\ 7 \\ -\ 2\ 4 \\ \hline 2\ 3 \end{array}$$

$$\begin{array}{r} 8\ 4 \\ -\ 4\ 3 \\ \hline 4\ 1 \end{array}\quad\begin{array}{r} 6\ 9 \\ -\ 3\ 6 \\ \hline 3\ 3 \end{array}\quad\begin{array}{r} 9\ 5 \\ -\ 1\ 5 \\ \hline 8\ 0 \end{array}$$

$$\begin{array}{r} 7\ 8 \\ -\ 2\ 1 \\ \hline 5\ 7 \end{array}\quad\begin{array}{r} 9\ 7 \\ -\ 9\ 2 \\ \hline 5 \end{array}\quad\begin{array}{r} 5\ 6 \\ -\ 4\ 4 \\ \hline 1\ 2 \end{array}$$

4일 98~99쪽

뺄셈을 하세요.

$$\begin{array}{r} 2\ 6 \\ -\ 1\ 5 \\ \hline 1\ 1 \end{array}\quad\begin{array}{r} 4\ 9 \\ -\ 1\ 1 \\ \hline 3\ 8 \end{array}\quad\begin{array}{r} 7\ 4 \\ -\ 3\ 2 \\ \hline 4\ 2 \end{array}$$

$$\begin{array}{r} 8\ 9 \\ -\ 2\ 4 \\ \hline 6\ 5 \end{array}\quad\begin{array}{r} 9\ 9 \\ -\ 4\ 1 \\ \hline 5\ 8 \end{array}\quad\begin{array}{r} 6\ 8 \\ -\ 3\ 2 \\ \hline 3\ 6 \end{array}$$

$$\begin{array}{r} 9\ 8 \\ -\ 1\ 2 \\ \hline 8\ 6 \end{array}\quad\begin{array}{r} 8\ 9 \\ -\ 6\ 2 \\ \hline 2\ 7 \end{array}\quad\begin{array}{r} 5\ 8 \\ -\ 1\ 5 \\ \hline 4\ 3 \end{array}$$

색연필의 수를 보고 뺄셈을 한 후 색연필과 같은 색깔로 칠하세요.

67 35 24 51

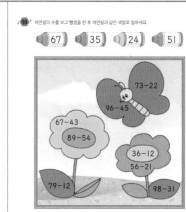

73-22
96-45
67-43
89-54
36-12
56-21
79-12
98-31

5일 100~101쪽

문제를 읽은 다음 ❶ 식을 세우고 ➡ ❷ 답을 구하세요.

딸기 맛 사탕이 바나나 맛 사탕보다 몇 개 더 많을까요?

39개 13개

딸기 맛 사탕 39개   바나나 맛 사탕 13개

식 $39 - 13 = 26$

답 딸기 맛 사탕이 **26** 개 더 많습니다.

문제를 읽은 다음 ❶ 식을 세우고 ➡ ❷ 답을 구하세요.

딱지를 혜림이는 45장, 현경이는 32장 가지고 있습니다.
혜림이는 현경이보다 딱지를 몇 장 더 많이 가지고 있을까요?

식 $45 - 32 = 13$

답 혜림이가 **13** 장 더 많이 가지고 있습니다.

할아버지는 69살, 할머니는 61살이에요.
누가 몇 살 더 많을까요?

식 $69 - 61 = 8$

답 (할아버지), 할머니가 **8** 살 더 많습니다.

기적학습연구소

"혼자서 작은 산을 넘는 아이가 나중에 큰 산도 넘습니다"

본 연구소는 아이들이 스스로 큰 산까지 넘을 수 있는 힘을 키워 주고자 합니다.
아이들의 연령에 맞게 학습의 산을 작게 설계하여 혼자서 넘을 수 있다는 자신감을 심어 주고,
때로는 작은 고난도 경험하게 하여 가슴 벅찬 성취감을 느끼게 합니다.
국어, 수학, 유아 분과의 학습 전문가들이 아이들에게 실제로 적용해서 검증하며 차근차근 책을 출간합니다.

아이가 주인공인 기적학습연구소의 대표 저작물
-수학과:〈기적의 계산법〉, 〈기적의 계산법 응용UP〉, 〈톡 치면 바로 나오는 기적특강 구구단〉, 〈딱 보면 바로 아는 기적특강 시계보기〉외 다수
-국어과:〈30일 완성 한글 총정리〉, 〈기적의 독해력〉, 〈기적의 독서 논술〉, 〈맞춤법 절대 안 틀리는 기적특강 받아쓰기〉외 다수

기적의 계산법 예비초등 5권

초판 발행 · 2023년 11월 15일
초판 2쇄 발행 · 2024년 1월 17일

지은이 · 기적학습연구소
발행인 · 이종원
발행처 · 길벗스쿨
출판사 등록일 · 2006년 7월 1일
주소 · 서울시 마포구 월드컵로 10길 56 (서교동) | **대표 전화** · 02)332-0931 | **팩스** · 02)333-5409
홈페이지 · school.gilbut.co.kr | **이메일** · gilbut@gilbut.co.kr

기획 · 김미숙(winnerms@gilbut.co.kr) | **편집진행** · 이선진, 이선정
영업마케팅 · 문세연, 박선경, 박다슬 | **웹마케팅** · 박달님, 권은나, 이재윤
제작 · 이준호, 김우식 | **영업관리** · 김명자, 정경화 | **독자지원** · 윤정아, 전희수
디자인 · 더다츠 | **삽화** · 김잼, 류은형, 전진희
전산편집 · 글사랑 | **CTP출력 · 인쇄** · 교보피앤비 | **제본** · 신정문화사

ISBN　979-11-6406-597-4 64410
(길벗 도서번호 10881)

정가 9,000원

독자의 1초를 아껴주는 정성 길벗출판사

길벗스쿨 | 국어학습서, 수학학습서, 유아콘텐츠유닛, 주니어어학, 어린이교양, 교과서, 길벗스쿨콘텐츠유닛
길벗 | IT실용서, IT/일반 수험서, IT전문서, 경제실용서, 취미실용서, 건강실용서, 자녀교육서
더퀘스트 | 인문교양서, 비즈니스서